U0351580

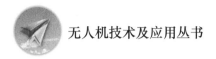
无人机技术及应用丛书

无人机理论与飞行培训

——多旋翼

杨苡　蔡志洲　戴长靖　王明　著

高等教育出版社·北京

内容简介

本书针对民用无人机（多旋翼）驾驶员合格证考试的要求，理论与实践有机结合，结构清晰，目标明确。全书分为基础知识、飞行训练和操作手册三篇，内容涵盖无人机概述与系统组成、飞行原理与飞行性能、航空气象与飞行环境、起降阶段操纵技术、巡航阶段操纵技术、民航法规与管理政策等内容。

本书是广大无人机爱好者了解无人机、掌握无人机飞行操作、规范使用无人机的良师益友，也可作为民用无人机驾驶员培训和考试用书，还可作为无人机驾驶员教员合格证考试的参考书。

图书在版编目（CIP）数据

无人机理论与飞行培训：多旋翼 / 杨苡等著 . --
北京：高等教育出版社，2018. 8 (2021.10重印）
（无人机技术及应用丛书）
ISBN 978-7-04-050237-4

Ⅰ.①无… Ⅱ.①杨… Ⅲ.①无人驾驶飞机 – 技术培训 – 教材 Ⅳ.① V279

中国版本图书馆 CIP 数据核字（2018）第 169834 号

WURENJI LILUN YU FEIXING PEIXUN

策划编辑	冯 英	责任编辑	冯 英	封面设计 王 琰	版式设计	马 云
责任校对	窦丽娜	责任印制	朱 琦			

出版发行	高等教育出版社	咨询电话	400-810-0598	
社 址	北京市西城区德外大街4号	网 址	http://www.hep.edu.cn	
邮政编码	100120		http://www.hep.com.cn	
印 刷	北京市联华印刷厂	网上订购	http://www.hepmall.com.cn	
开 本	787mm×1092mm 1/16		http://www.hepmall.com	
印 张	13.5		http://www.hepmall.cn	
插 页	8	版 次	2018 年 8 月第 1 版	
字 数	280千字	印 次	2021 年 10 月第 3 次印刷	
购书热线	010-58581118	定 价	69.00元	

主审：杜立新

作者：杨　苡　蔡志洲　戴长靖　王　明

前言

　　近年来，我国无人机产业日趋火热，从航空摄影、航空测绘到农业植保、军警侦查等领域，无人机的应用越来越普及，使得无人机驾驶员迅速成为这一高新技术潮流中的宠儿。与此同时，社会生活中存在着大量无人机驾驶员"乱飞、黑飞"的现象，危及社会安全甚至国家安全的情况也时有发生，凸显出目前行业监管不足、使用者缺乏法律意识和技术培训等问题，这些都将制约无人机产业的健康发展。

　　我国无人机行业已从狂热无序的发展初期，逐步走向理性健康发展的新阶段，其中关键的因素之一是对专业操作人员进行法规、理论、技术等系统培训。培训后的无人机驾驶员，操作无人机系统合法、安全、稳定，是行业可持续发展的重要保障。

　　本书共8章分为基础知识、飞行训练、操作手册三个部分，充分解析无人机的发展历程、现代应用及相关法律法规；并以无人机系统基础知识为切入点，引导读者循序渐进地了解无人机设备、规范操作流程和动作。全书力求既简明扼要，又完整系统地给予读者明确、详细的指导。

　　感谢朋友们、同事们的丰富经验，本书是对你们辛勤工作的小小总结。无人机知识庞大广泛，作者难免有理解、表述不足之处，敬请读者和专家批评指正，我们将会在后续的修改、教学中力求不断完善。

作　者

2018.6

目录

基 础 知 识

1 无人机系统概述 / 003

2 无人机系统集成 / 011

飞 行 训 练

6　外场飞行训练　/ 125

7　地面控制系统　/ 151

8　无人机的组装与保养　/ 159

操　作　手　册

彩图

基础知识

1 无人机系统概述

1.1 无人机和无人机系统的概念

无人机概念的准确表达应为无人机和无人机系统。

无人机（Unmanned Aircraft，UA）是由控制站管理（包括远程操纵或自主飞行）的航空器，也称远程驾驶航空器（Remotely Piloted Aircraft，RPA），英文也常用 UAV（Unmanned Aerial Vehicle）。通常所说的无人机是无人驾驶飞机的简称，也有自动控制飞行且搭载乘客的无人机，该种无人机采用多旋翼结构进行载人飞行。

无人机系统（Unmanned Aircraft System，UAS）也称远程驾驶航空器系统（Remotely Piloted Aircraft Systems，RPAS），是指由无人机、相关控制站、所需的指令和控制数据链路以及批准的型号设计规定的其他部件组成的系统，包括飞行器系统、任务设备、地面站及后勤保障设备几个部分。

无人机结构简单、使用成本低，更适用于有人飞机不宜执行的任务，如危险区域的地质灾害调查、空中救援指挥和环境遥感监测等。出于不同平台结构，无人机包括无人直升机、固定翼无人机、多旋翼无人机、无人飞艇、无人伞翼机等。广义地看，无人机也包括临近空间飞行器（20~100 km空域），如平流层飞艇、高空气球等。

无人机与航空模型（简称航模）有着千丝万缕的联系，航空模型从机体空气动力学外形到动力、无线遥控等各方面都为无人机打下了坚实的基础。近年来无人机的发展走向更多功能化、可控的新领域，拉开了与航模的距离。一般认为，航模只能在视距范围内飞行，且只能用作表演、训练、比赛，没有可自动飞行的飞行控制系统，没有相机、药箱、武器等任务载荷，不能实现图视频、遥感、载物等多任务功能。也就是说，除去飞控系统和任务载荷，纯手控、在视距内飞行的飞行器就是航空模型。

为方便和简化叙述，本书在不会引起歧义的条件下，有时用"无人机"代表无人机（UA、UAV）和无人机系统（UAS）两个概念。

1.2 不同平台结构的无人机

无人机主要有固定翼无人机、无人直升机和多旋翼无人机三大平台，其他小种类无人机平台还包括复合翼无人机、倾转旋翼无人机、伞翼无人机、扑翼无人机和无人飞船等。固定翼无人机是军用和多数民用无人机的主流平台，其最大特点是飞行速度较快；无人直升机灵活性最强，可以原地垂直起飞和悬停；多旋翼无人机是消费级和部分民用用途的首选平台，灵活性介于固定翼和直升机之间，且操纵简单、成本较低。

1.2.1 多旋翼无人机

多旋翼（多轴）无人机是具有两个旋翼轴以上的、能够垂直起降的不载人旋翼航空器，常见的有四轴、六轴、八轴飞行器等。多旋翼无人机由每个轴末端固联在刚性十字交叉结构上的独立电机驱动的螺旋桨产生上升动力，能够垂直起降、自由悬停、可适应多种速度及不同飞行剖面航路的飞行状况。多旋翼无人机中最为常见的是四旋翼无人机，如图 1-1 所示。

图 1-1　四旋翼无人机

多旋翼无人机具有如下几个特点：

① 体积小、重量轻，适合多平台、多空间使用，可以在地面、舰船上灵活垂直起降，不需要弹射器、发射架进行发射；

② 结构简单、成本低，拆卸方便且易于维护，携带方便、易于操作，能进入人不易到达的各种恶劣环境；

③ 飞行稳定性、安全性好，可以提供准确实时的目标探测信息；

④ 飞行高度低，具有很强的机动性，能进入建筑物、洞穴、隧道等环境内执行任务，便于在复杂环境下使用，可以对细小环节进行观察。

1.2.2 固定翼无人机

固定翼无人机可以实现手动遥控飞行和预设程序飞行，抗风能力强，类型多，其发展趋势是微型化和长航时。微型化的固定翼无人机可携带背包，电力驱动的情况下一次起降的航时在 40~120 min；长航时的固定翼无人机体积一般比较大，以燃油动力为主，续航时间在 10 h 以上，能同时搭载多种遥感传感器。固定翼无人机起飞方式有滑行、弹射、车载等，降落方式有滑行、伞降和撞网等。固定翼无人机的起降需要比较空旷的场地，适合森林和草场监测、矿山资源监测、海洋环境监测、城乡土地利用监测，以及水利、电力等领域的应用。

图 1-2　固定翼无人机

1.2.3 无人直升机

无人直升机通过无线电遥控或通过机载计算机程控飞行，其技术优势是能够定点起降，对场地要求较小，能够垂直起降、空中悬停，使用灵活等。在军用方面，无人直升机适合在战场前沿、军舰甲板等狭小的场地起降，可执行侦察、战损评估、通信中继和电子干扰等任务；在民用方面，无人直升机可用来完成大气监测、资源勘探、边防巡逻、电力线巡检、森林防火、航拍等任务。

图 1-3　AV500 无人直升机

无人驾驶直升机的结构相对比较复杂，操控难度也较大，种类相对较少。

1.2.4　多轴 + 固定翼（复合翼）无人机

多旋翼无人机滞空时间短、飞行速度慢，对于飞行作业繁重的任务，旋翼无人机无法快速覆盖；而固定翼无人机起降场地要求较严苛，一些飞行作业区没有合适的起降点。于是，扬长避短的新机型被研发出来，称之为"复合翼垂直起降无人机"，它既具有旋翼机型垂直变向的优势，又具有固定翼机型飞行中耗能少、速度快、航时长、载荷大等优势。

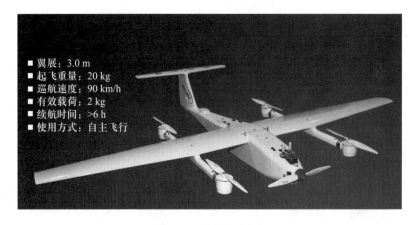

- 翼展：3.0 m
- 起飞重量：20 kg
- 巡航速度：90 km/h
- 有效载荷：2 kg
- 续航时间：>6 h
- 使用方式：自主飞行

图 1-4　复合翼无人机

2016 年成都纵横公司研发的复合翼无人机"大鹏"，不需要跑道和起降空域，无须复杂笨重的发射和回收设备，无须增加额外的回收传感器，无须复杂的辅助设备，运输、展开、维护、撤收简单，系统紧凑、成本低廉，速度快、航时长、效率高，极大地扩展了无人机应用范围。

1.2.5　倾转旋翼无人机

倾转旋翼无人机是既具有宽大的固定水平机翼系统、又具有可在水平与垂直位置之间转动切换的旋翼倾转系统的一种无人机。

因为结合了旋翼和固定翼无人机的优点，倾转旋翼无人机有直升机模式、过渡模式、固定翼模式三种飞行模式，具有短距离起降和高速巡航的优势。

倾转旋翼无人机起飞、降落或悬停时，主要依靠旋翼倾转系统，当旋翼垂直于地面时，呈横列式直升机飞行状态，升力完全由旋翼提供，可在空中悬停、前后飞行和侧飞；当上升到一定高度，倾转旋翼无人机以直升机模式达到初始转换速度后，倾转系统从垂直位置向水平位置进行转动切换，在此过程中升力由旋翼拉力在重力方向的分力和机翼的升力提供，旋翼拉力在水平方向的分量提供了机体向前的加速度；在固定翼模式，升力完全由机翼升力提供，能够以较高速度进行远程飞行，旋翼提供了机体向前的加速度。所以，倾转旋翼机既具有直升机垂直起降和空中悬停的能力，又具备了涡轮螺旋桨飞机高速巡航飞行的能力，从而具备了航程远、航速高、占地面积小、垂直升降、可在空中平稳悬停等优势。

图 1-5　英国贝尔公司 2016 年 9 月发布的倾转旋翼无人机 Vigilant

1.2.6 三种无人机的特点比较

多旋翼无人机、固定翼无人机和无人直升机各具特点，主要性能见表 1-1。

表 1-1 三种无人机比较

性能指标	多旋翼无人机	固定翼无人机	无人直升机
控制方式	多个旋翼	固定机翼 + 摆翼	螺旋桨 + 旋翼
系统	不稳定系统	自稳定系统	不稳定系统
驱动系统	欠驱动系统	完整驱动系统	完整驱动系统
起飞方式	电机 + 旋翼	桨 + 助推发动机	发动机 + 桨（系统）
起降便利性	垂直起降，方便	弹射、手抛、伞降等	垂直起降，较方便
结构和维护	简单	较复杂	结构复杂，维护成本高
侧飞	是	否	是
载荷	小	大	中等
续航时间	短	较长	中等

1.3 不同应用的无人机

依据无人机的不同使用功能，可分为遥感应用和运载等非遥感应用两类，详见表 1-2。

表 1-2 无人机的应用

应用分类		应用领域
遥感应用	图视频	国土、交通、电力、公安、环保、水利、海洋、石油、城市规划、景观园林、农业、林业、气象、保险、执法监察、考古、旅游、新闻等
	测绘	低空遥感测量建立的各种比例尺的数字规划地图、数字正射影像图、数字地形模型等，是工程规划、设计、监理、验收、运行维护的基础资料

应用分类		应用领域
非遥感应用	运载	农业和林业植物保护、喷洒农药、电力架线、载具灭火、物流快递、公安等
	数据传输	无线数据中继站
	驱离	农业、环境保护等

1.4 不同使用领域的无人机

无人机按使用领域可分为军用、民用和消费级三大类，不同用途的无人机对性能的要求各有侧重。

1. 军用无人机

军用无人机对灵敏度、飞行高度、速度、智能化等的要求高，是性能水平最高的无人机，包括侦察、诱饵、电子对抗、通信中继、靶机和无人战斗机等机型。

2. 民用无人机

民用无人机作为专业化的无人机，对于无人机操作人员、无人机性能和成本等都有较高的要求，需要完善的产业链提供零部件和技术支持服务。

3. 消费级无人机

消费级无人机是指用于航拍、游戏等休闲用途的小微型无人机，多采用成本较低的多旋翼平台。虽然价格较低，但一些产品性能并不差，遥控距离可达 3~5 km，可拍摄高清图视频，具有自动跟随、绕避树木房屋障碍物等避障功能，特别是可以按规划航线自动飞行，可满足部分专业工作的需要。

图 1-6 战争中消费级无人机航拍侦查

图 1-7 消费级无人机航拍和投掷炸弹

2 无人机系统集成

无人机系统（UAS）可分为有形和无形两部分，有形部分包括进行操作的技术人员、飞机系统、地面系统和任务载荷，无形部分主要是数据链，合在一起为"人、机、地、载、链"。

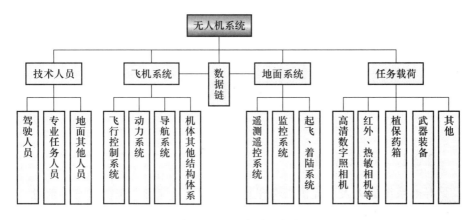

图 2-1 无人机系统组成

2.1 技术人员

无人机的直接操作人员称为无人机驾驶员，也称飞手。根据专业任务的需求，单人或多人相互配合飞行，合作完成具体任务，如拍摄、洒药等。地面人员包括地面站操作员、数据采集和复核人员、安全和其他辅助人员等。许多无人机飞行控制系统可以规划飞行高度、节点、路线，并可以在特定的时间或地点自主操作无人机任务载荷，减轻了驾驶员的工作量，也避免了人为的操作失误。

2.2 飞机系统

飞机系统由机体、动力装置、飞行控制和管理系统、导航、传感器等组成。图 2-2 为好易飞 V-EZ 无人机系统的示意图。

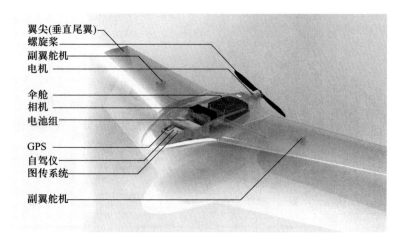

翼尖(垂直尾翼)
螺旋桨
副翼舵机
电机
伞舱
相机
电池组
GPS
自驾仪
图传系统
副翼舵机

图 2-2　好易飞 V-EZ 无人机系统示意图（彩图）

2.2.1　导航系统

导航系统向无人机提供参考坐标系的位置、速度、飞行姿态等信息，引导无人机按照指定航线飞行，相当于有人机系统中的领航员。无人机导航技术主要有全球定位系统（Global Positioning System，GPS）、惯性制导、多普勒、地形辅助匹配、地磁导航等。无人机的发展将具有障碍回避、物资或武器投放、自动进场着陆等功能，需要导航系统具有更高的精度、可靠性、抗干扰等性能，因此多种技术结合的"惯性＋多传感器＋全球定位系统＋光电导航系统"是无人机导航系统发展的方向。

2.2.2　传感器

无人机机身装配有各种传感器，包括加速度计、惯性测量单元、倾角传感器、电流传感器、磁传感器、发动机进气流量传感器等，用于感受无人机的姿态、航向、位置、角速度、速度、能量等信息，并传送给飞机的飞行控制系统。

无人机在不同飞行环境、不同用途时对传感器的配置要求也不同。随着对无人机态势感知、避障等方面需求的增多，要求传感器具有更高的探测精度和分辨率，因此越来越多地应用了超光谱成像、合成孔径雷达、超高频穿透等技术。

2.2.3　动力系统

动力系统是无人机的"心脏"，最常见的无人机动力能源有油和电。虽然人们都希望无人机动力装置体积小、成本低、长航时、工作可靠，但遗憾的是目前无人机仍存在续航能力有限等问题。无人机长航时的未来将依托新介质电池、太阳能、氢燃料等新能源的突破，以及发动机的结构、机械技术的创新等方面。

1. 燃油动力

燃油发动机动力大，可提供较长航时。汽油的能量密度为 11.8 kW·h/kg、锂电池的能量密度为 0.25 kW·h/kg，即在同样重量的汽油和锂电池情况下，使用汽油的发动机可以大大提升飞机的续航时间。民用无人机多为低速、低空小机型，常采用活塞式发动机；军用一次性使用的靶机、自杀式无人机或导弹，要求推重比大但寿命可以短，一般使用涡喷式发动机；低空无人直升机一般使用涡轴发动机；高空长航时的大型无人机一般使用涡扇发动机。

2. 锂电池和智能电池

目前民用小微型无人机主要采用锂聚合物电池作为动力，起飞质（重）量多在 2~5 kg，多旋翼无人机续航时间一般在 20~30 min，很少能超过 40 min；固定翼无人机航时 1~2 h，但充电时间也相应会更长。

无人机和电池需要一系列控制协作，从而催生了智能电池系统。无人机智能电池目前具备的功能有电池电压显示、电量剩余百分比显示、寿命显示、电池存储自放电保护、充电保护、过充电保护、充电温度保护、充电过流保护、过放电保护、短路保护、电芯损坏检测、电池历史记录（充放电次数）、休眠保护等，可以让用户全面清楚地了解电池的实时状况和健康程度。

3. 新能源电池和混合动力

（1）氢燃料

将高压氢气瓶作为无人机部分荷载，通过氢气燃烧成为氢燃料发动机的能源。氢燃料的燃烧仅生成水蒸气，有利于环境保护。由于更换氢气瓶只需要几分钟的时间，因此无人机可以快速补充燃料并再次升空。

（2）混合动力

混合动力无人机一般采用油电混合动力。如德国的 Airstier 公司无人机 Yeair！有效载荷 5 kg，续航时间 1 h。它的每个螺旋桨都由两个发动机驱动，一个是 600 W 的电动机、另一个是 10 cc 的二冲程燃油发动机。燃油发动机发电，再驱动电动机，经过二次能量转换提高 2 倍航时，这对无人机作业而言也算可取，但就能量转换而言明显不尽合理。

（3）太阳能电池

2014 年 6 月，全球最大的瑞士帕耶讷太阳能飞机"阳光动力 2 号"首飞。由于太阳辐射能量密度小，为获得足够能量，飞机须有较大的表面积，该机翼展长达 72 m，安装有 1.7 万块超薄且高效能的太阳能电池板，在晴朗的天气条件下可连续飞行。太阳能电池板在日间吸收能量，让飞机在晚间也可飞行，大大提高了飞行续航时间。

2016 年 12 月，由上海奥科赛飞机有限公司研发的固定翼太阳能无人机"墨子号"顺利完成首飞试验。"墨子号"太阳能无人机翼展 14 m，起飞质量 45 kg，有效载重为 7 kg，机体材料和结构采用全复合材料，机翼蒙覆约 12 m^2 太阳能电池板，利用光能转换电能驱动飞机进行飞行，并持续为飞机蓄能。"墨子号"无人机设计飞行高度为 8000 m，速度为 75 km/h。"墨子号"无人机国产化率高达 80%，实现了我国太阳能驱动航空器领域零的突破。

图 2-3　"墨子号"无人机

4. 续航时间

无人机大小、荷载、动力与续航时间是互相关联的，续航时间与油或电动力选择有关，而荷载越大则要使用越强劲的动力和较大的机身，故多选择燃油动力，飞机油箱越大、动力发动机越高效，滞空时间也就越长。

电池动力的多旋翼无人机一般滞空时间在 30 min 之内。对于一般工作用途的图像摄影无人机而言，单架次飞行 20 min 左右。这对于了解某一局部目的地的环境概况和细节，时间应该是充裕的。对于长距离或大面积的航拍需求，多采用固定翼、较高速（60 km/h 以上）无人机，电池电力飞行时间约 1 h，基本可以满足作业要求。但大多数有经验的飞手通常都要携带四五块电池以备需要。

2.2.4 飞行控制与管理系统

无人机飞行控制与管理系统（Flight Control and Management System for UAV，以下简称飞控）是整个飞行过程的核心控制系统，是无人机最核心的技术之一。飞控通过感知传感器的反馈，完成无人机的导航、飞行任务管理、任务载荷管理与控制，特别是自主导航功能可以对无人机实现全权限控制与管理。飞控系统包括自动驾驶仪和机上飞行管理系统。前者用于稳定飞行姿态（俯仰角、倾斜角、航向角）、发动机转速和飞行高度，后者用于飞机及机上设备状态参数的数据采集、飞行状态管理、全机设备管理、飞行计算和故障诊断与处理等。因此，飞控系统对无人机的性能起关键、决定性作用。

飞控包括无人机飞控芯片（机载计算机）、全球定位系统（GPS）、传感器和伺服作动器，实现：

① 接受机身各种传感器传达的无人机姿态、航向、位置、角速度、速度、电量、发动机状况等信息；

② 采用 GPS 等技术实现无人机导航控制；

③ 机载计算机（飞控芯片）采用微电子、单片机技术进行信息采集和处理，形成控制信号；

④ 伺服作动器采用电子伺服舵机接收机载计算机的控制信息，进行功率放大，驱动舵面和发动机节风门等机构进行相应的动作。

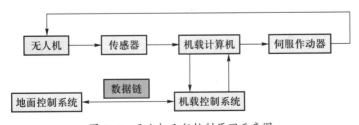

图 2-4　无人机飞行控制原理示意图

2.3　地面系统

地面控制站（Ground Control Station，GCS）也称地面任务规划与控制站（简称地面站），是整个无人机系统的指挥中心，通常为高性能的便携式计算机工作站，甚至是车载大型移动计算机工作站。无人机飞行前需要在地面控制站输入任务区域地图、飞行高度、路线等任务规划信息；工作中，地面控制站对无人机发回来的信息进行分析、处理，控制飞行过程、飞行航迹，载荷装备的任务功能，维护通信链路的正常工作，并给飞行器下达各种指令；在起飞、降落阶段，地面控制站控制飞行器的发射和回收。地面控制站具有包括任务规划、数字地图、卫星数据链、图像处理能力在内的，集控制、瞄准、通信、处理于一体的综合能力。GCS 除了完成基本的飞行与任务控制功能外，还要能够处理工作过程中出现的自然与人为因素的各种情况，适应复杂环境，保证全系统整体功能的成功实现。

地面控制站是实现多机控制的基础，其功能日益强大，不仅能控制同一型号的无人机机群，还能控制不同型号无人机的联合机群。地面站系统具有开放性和兼容性，即不必进行现有系统的重新设计和更换，就可以在地面控制站中通过增加新的功能模块实现功能扩展，相同的硬件和软件模块也可用于不同的地面站系统。

2.4　数据链

数据链（Data Link）传输系统（简称数据链）负责完成对无人机系统遥控、遥测、跟踪定位和传感器的数据传输工作。数据链分为上行数据链和下行数据链，上行数据链负责将地面操作人员动作指令传送给无人机，实现对无人机的控制；下行数据链即图传系统，将任务载荷收集到的数据传送给地面，实现地面控制人员对任务的实时了解。普通 UAS 大多采用定制视距数据链，而中高空、长航时的 UAS 则都会采用视距数据链甚至是超视距卫星通信数据链。

UAS 视距数据链可以在无线电视距内完成对无人机及其任务荷载的遥控、遥测、跟踪定位和信息传输任务。现有的（如 LINK）和新型的（TTNT）数据链虽然功能强大，但由于地球表面的曲率变化，使用视距方式进行无线电波数据传输的有效距离受到限制。进行超视距通信时，除采用不太可靠的 HF 波段（1.8 MHz~30 MHz）利用电离层传播外，较好的方式是利用卫星作为通信中继站。无人机数据链未来将进一步向高速、宽带、保密、抗干扰的方向发展。一方面随着机载传感器定位的精细程度和执行任务复杂程度的不断提高，对数据链的带宽提出了更高的要求；另一方面随着机载高速处理器技术发展的突飞猛进，预计现有射频数据链的传输速率将翻倍，还可能出现激光通信等方式。网络化趋势也是未来无人机发展的热点之一，可以利用无人机数据链宽带、高速的特点，在无人机巡航期间，将无人机平台作为网络中的一个节点，充当网络路由器，通过它连接全球信息栅格。

数据近、远程传输方案如图 2-5、图 2-6 所示。

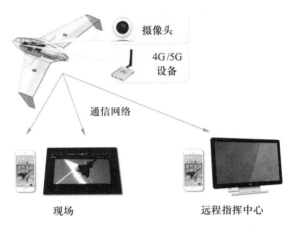

图 2-5　单机现场 / 远程传输方案（4G/5G）

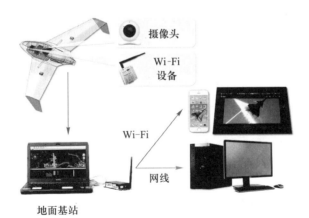

图 2-6　单机现场传输方案（Wi-Fi）

2.5 任务载荷

无人机是一个平台,根据工作需要搭载的设备称为任务载荷。民用无人机的任务载荷一般可分为图视频遥感载荷和其他用于通信、载货等非遥感载荷。围绕应用的任务载荷是无人机的最终设计目的。

由于民用无人机机体不大,有效载荷一般较小,因此要求搭载的设备小而轻,并尽量采用商用成品。

图视频遥感的任务载荷包括多轴云台、光学照相机、高分辨率数字照相机(摄像机)、红外摄像机、多光谱成像仪、合成孔径雷达、激光测距仪等。常见的非遥感载荷有通信中继设备、植保药箱、小型货物、警报器等。

2.6 无人机主要性能参数

无人机主要性能参数见表2-1。

表2-1 无人机主要性能参数

性能参数	说明
质量	超微型无人机整装质量在 1.5 kg 以内,微型无人机在 7 kg 以内,轻型无人机在 116 kg 以内,小型无人机在 5 700 kg 以内,大型无人机在 5 700 kg 以上
外形规格	超微型多旋翼无人机,相邻轴距(拆卸螺旋桨后)20~35 cm,高度(厚度)15~20 cm,可以被轻松装入双肩包或装入 20 cm×45 cm×45 cm 箱子;微型多旋翼无人机,相邻轴距 30~45 cm,高度 25~30 cm,装箱尺寸 35 cm×45 cm×50 cm;轻小型固定翼无人机,可拆卸,装箱尺寸 35 cm×45 cm×55 cm;超微型、微型无人机拆装后都可以装箱作为随身行李携带登机,乘坐国内航班允许登机的随身行李规格一般不超过 20 cm×40 cm×55 cm
飞行高度	高度越高,视野越大,但成像分辨率也越低。飞艇与热气球航拍的高度一般在 500~1 500 m;有人直升机飞高 300 m 时可以看清路面交通情况;微轻型无人机最高高度在 500 m,在 200~300 m 高度的航拍与有人直升机相仿
抗风能力	离地越高,风力越强。考虑阵风等最不利情况,一般超微型多旋翼无人机飞高在 50~70 m,不建议在超过五级风(10.7 m/s)的情况下作业;微型多旋翼无人机的飞行高度在 150 m 以下;微型固定翼无人机飞行高度在 400 m 以下,不建议在超过六级风(13.8 m/s)的情况下作业
航线规划、自主飞行	预先设定作业区,计算机软件自主规划最合理的航线;现场根据实际情况进行优化,起飞后由飞控系统控制航线和摄影动作,免除人工操作的不精确甚至错误

续表

性能参数	说明
一键返航	设定最终返航点，遇紧急情况可一键触发无人机的自动返航
图传距离	视距内图传一般借助 2.4 G 技术、Wi-Fi 距离在 2 km 以内；超视距图传距离 5~10 km，甚至借助网络、卫星通信等实现更远传输
续航时间	微、轻型多旋翼无人机一般是电动力，航时 15~35 min；电动微、轻型固定翼无人机的航时在 60~120 min；燃油动力固定翼无人机航时 120 min 或更长
最大航速	微、轻型多旋翼无人机的航速在 30 km/h，固定翼无人机多在 60~90 km/h
相机分辨率	主流设备的相机分辨率超过千万像素，如 4 608×2 592（16∶9）、3 456×3 456（正方形）约等于 1 200 万（1 194 万）像素
等时长或等距摄影	要取得各张数字像片基本相同的重叠率，飞行中需要按照相等的距离（等距）进行摄影，一般是以匀速飞行相等的时长（等时）拍摄达到等距的效果

3 无人机系统相关法规和管理政策

无人机应用被形容为"空中的产业革命"，随着无人机应用领域的不断延伸，其商业化市场在全球高速增长。如同很多新事物一样，无人机系统也是一柄双刃剑，在给各行各业带来创新和发展的同时也出现了威胁航空、行政、国家安全、公共秩序等方面的问题，甚至存在恐怖主义的隐患。据有关统计，截至 2015 年全球无人机爱好者已拥有 70 万架无人机，而缺乏约束的无人机将成为一个麻烦制造者。只有制定法规、加强管理，才能引导无人机产业健康协调地发展。

3.1 无人机相关法规标准的体系框架

面对快速发展的无人机产业、频发的安全事故和更多的隐患，各国政府开始规范无人机的使用，及时填补无人机监管层面的空白。西方发达国家无人机产业起步稍早于我国，催生了这些国家相关法规和管理制度的制定和完善。目前我国无人机应用发展迅速，相关的法规和管理规定、技术保障措施也在不断地完善。

无人机相关法规和管理政策主要是针对无人机产品认证标准、空域管理、使用安全、驾驶员培训等，同时也包括无人机企业经营管理要求，以及利用无人机生产的图视频、测绘产品等的法规和管理政策。无人机法规和标准的建设就是在搭建和完善这一框架。我国针对无人机已经出台了空域申报、轻小无人机运行规定、驾驶员管理等相关制度，但在无人机的产品认证、销售、流转等方面尚缺乏制度性文件。实际上法律法规的制定还只是规范无人机使用的第一步，全面提高使用者的安全意识，才可能灵活广泛地发挥出无人机的最大效用。

3.2　国外无人机相关法规和管理政策

1921 年英国建立了最早的民用航空空管体制，1926 年美国颁布了世界上第一部空管法律，现在传统航空领域已经有了完整的法规与技术体系，涵盖飞行员、地勤等各类专业人员的认证、飞行器适航认证、无线电管理、机场管理、空域管理等。随着无人机应用的扩展，各国不断在研究、创新和完善着无人机相关的法律法规。

3.2.1　英国

英国是制定无人机法规的先行者。在无人机广泛应用之前，英国民航局（Civil Aviation Authority，CAA）在 2001 年出台了第一版《CAP 722 英国空域无人机系统运行指南》（以下简称《指南》），强调了操作无人机前需要注意的适航性、操作标准和安全等方面的要求。现在《指南》中所有关于无人机的法规都收入《空中领航：法令和法规》。最新的第六版《指南》发布于 2015 年 3 月，实施了对民用无人机相对开放的政策。整机质量在 20~150 kg 的无人机需要具有英国法律下的适航性资质。整机质量 20 kg 以下的无人机不需要遵从很多主要政策要求，当飞行器在半径 500 m 和低于 400 ft[①]的范围或者在隔离空域内飞行，并且无人机和该飞行有一定的适航性保证，英国民航局可以豁免适航性认证；此外，CAA 也会在调查和推荐的基础上颁发豁免权。《空中领航：法令和法规》第 98 号文中设立了一些条件，如禁止在管制区域或者飞机场附近飞行，禁止在没有 CAA 特别许可的情况下超过最大高度 400 ft 的高空作业，载有摄像头的无人机不能在距离人、车辆或建筑物 50 m 的范围内地方飞行，大规模人群集会场所规范的安全距离是 150 m 等。CAA 不要求无人机操作者具有飞行员执照，但是要求所有无人机操作者都掌握飞行资质。飞行资质是通过完成指定课程获得的，有四家认证机构负责飞行资质的培训与考试。相关的法规还有：《飞行许可条例》（CAP 733 Permit to Fly Aircraft）、《空中导航法令》（The Air Naviation Order）、《航空飞行法条例》（The Rules of the Air Regulation）、《空中领航：法令与法规》（CAP 393 Air Naviation：the Order and the Regulations）等。同时 CAA 警告称，在机场附近起飞和降落的无人机一旦被发现干扰客机飞

---

① 1 ft=0.304 8m。

行，其操控者属于刑事犯罪，将会面临指控和监禁。

3.2.2　欧盟

欧洲航空安全局（European Aviation Safety Agency，EASA）负责整个欧盟成员民用航空安全领域的监管和协调。2015 年 3 月，EASA 颁布了无人机监管的政策《无人机运营规则》，提出将无人机融入现行民用航空空域的方式，并明确无人机监管原则是基于风险对无人机进行分类管理，无人机运营的风险级别越高，监管政策越严格。EASA 的目的是"在保障安全方面不留余地；而为了促进保障行业发展，尽量提供足够的政策灵活性"。

1. 无人机分类管理政策

《无人机运营规则》主要针对与无人机运营相关联的风险情况进行监管。EASA 建立了三类运营类型并配套监管政策，包括开放类、特许运营类和审定类。

（1）开放类

开放类是风险比较低的无人机运营类型，对于此类无人机无须适航审定，也没有针对运营商和驾驶员的资质要求。但是，无人机与载人航空器的使用空域需要进行隔离。具体规定有：

☆ 此类无人机的活动应为视距内运行（Visual Line of Sight Operations，VLOS）：500 m 之内，基本在直接目视范围内；

☆ 不在超过相对地面或水面 150 m 以上的高度飞行；

☆ 在指定的管制区域之外飞行（机场、环保、安全等方面的要求）；

☆ 与地面上的人员保持安全距离并与其他空域使用者相互隔离的小型无人机的运营活动；

☆ 最大起飞质量小于 25 kg。

在开放类无人机中建立子类：CAT A0 为"玩具"和迷你无人机，起飞质量 <1 kg；CAT A1 为非常小的无人机、起飞质量 <4 kg；CAT A2 为小型无人机，起飞质量 <25 kg。

EASA 认为开放类无人机的运营可由警方监管，只需对这类无人机的运营建立相应的限制条件即可实现安全管理，类似于警方对自行车的监管，不需通过民航管理部门的授权。

（2）特许运营类

特许运营类的无人机运营具有一定的风险，需要通过额外的限制或是通过对设备和人员的能力提出更高要求来降低风险。这类无人机的运营人应进行安全风险评估，确定风险控制措施，并由民航管理部门进行审查和批准。特许运营类的运营方需要获得民航管理部门或相应组织的运营许可，运营方需要明确运营的条件和限制。安全风险评估的内容包括：适航性、操作程序运营环境、人员与组织能力、空域等问题。安全风险评估的结果与运营环境和操作程序密切相关，例如在人群附近的无人机运营必须附加一些功能，包括失联后自动回归出发地功能等。对于无人机的适航性来说，可以通过对特定标准的符合性进行说明，也可以通过一系列的风险控制措施来降低风险。此外，无人机的操作程序、操作员的能力和资质等要求都应在操作手册中明确。

（3）审定类

如果无人机运营的风险上升到类似于正常载人航空器运营的风险等级将被归于审定类。这些运营活动中涉及的无人机与当前的载人飞机适航审定政策基本一致，需要取得多个证书。审定类无人机的驾驶员、维修、空域的管理更加严格，设计单位和制造厂商的能力评估也会采取 EASA 的"设计组织批准"和"生产组织批准"的形式。今后 EASA 还将建立不同的合格审定标准（CS）来涵盖不同的无人机类型，包括固定翼类、旋翼类、飞艇类和动力滑翔伞类等。

2. 欧盟无人机监管政策的特点

欧盟普遍用《EASA 法规和实施条例》（The EASA Regulation and Implementing Rules）管理飞行活动。欧盟一直非常重视无人机产业，欧洲联盟理事会（Council of the European Union）（EC）2008 第 216 号条例监管着所有整机质量超过 150 kg 的无人机。无人机的设计和生产也必须和常规飞机一样遵循相关的认证规范，并且必须获得适航认证或准飞许可。

2014 年 4 月的布鲁塞尔会议上，欧洲议会发布了《航空业的新纪元：可持续和安全地开放民用无人机系统市场》（A New Era for Aviation：Opening the Aviation Market to the Civil Use of Remotely Piloted Aircraft Systems in a Safe and Sustainable Manner，COM（2014）207 Final），该文件体现了欧洲议会对无人机市场发展的积极态度。与美国联邦航空管理局的政策相比，EASA 颁布的无人机运营监管政策更加明晰，分类管理的方式也为欧洲无人机产业在精确农业等风险较低领域的应用提供了更多的可能。

尽管欧盟不少会员国已经针对无人机进行管制，但由于各国规范不同，缺乏完整的监督框架。2016 年 4 月，EASA 发布了非强制性、推荐使用的《无人机运行规则蓝本》（Prototype Commission Regulation on Unmanned Aircraft Operations）。

3.2.3 美国

1. 逐步完善批准程序与法规

美国一直实行着比其他国家更加严格的无人机使用规定。2007年美国联邦航空管理局（The Federal Aviation Administration，FAA）曾认定商业无人机为非法，禁止使用。目前美国仍对无人机实施严格的管理，而随着无人机应用的拓展、商业价值的增加，FAA和美国国会的压力也越来越大，使他们必须在放松无人机管控与安全和隐私之间进行权衡。近年来，美国在无人机应用的批准程序与相关法规方面有了很大的改变，国家专项立法以及各州相关法规的出台，一方面加强了对无人机应用的限制，另一方面在安全可控的前提下，对无人机的使用越来越宽容。

2. 对商用无人机的要求

目前美国已经全面放开了200 ft（约61 m）以下的商业无人机使用，这项新规仅适用于45家已经取得飞行许可的公司，并且需要遵循FAA的飞行规则。在FAA现有的规则之下，有两种方式可以在美国获得飞行许可。一种是申请豁免证书或者授权，一般适用于政府机构或者研究机构做调查研究；另外一种适合商业的方式，是通过《2012年FAA现代化与改革法案》第333条款获得飞行许可。

相较于之前"一刀切"式地禁止商业运营，从《2012年FAA现代化与改革法案》到2014年一系列无人机运营豁免，FAA也在逐渐为低风险无人机提供运营的可能，新颁布的轻型无人机监管政策主要是通过附加限制条件来进行监管，这一原则与EASA基本一致。

2016年4月，FAA宣布为小型无人机开放商用无人机的在线注册。2016年6月，FAA正式发布了规范商业运营商使用无人机的一项新法规《107部》（Part 107），并于2016年8月末生效。这项新规较为温和，打破了之前全面禁飞的局面，没有对商业用途的无人机进行严格限制，适用范围是质量不超过55 lb[①]（约25 kg）的小微型无人机。该法规主要包括以下规定：

☆ 无人机只能在白天飞行，不超过日出前30 min和日落后30 min。

☆ 无人机必须与运行无关人员保持一定距离（如500 ft）；不得从人头顶上飞过，不得从无人机上扔东西，机体外侧不得搭挂包裹。

☆ 飞行高度不能超过地面高度（AGL）400 ft（约122 m），除非周围建筑物超过400 ft（这比之前提出的500 ft降低了100 ft）。

☆巡航速度不得超过160 km/h。

☆ 无人飞机飞行时，应维持在无线电操作者视距以内，且一次不能操

---

① 1 lb = 0.453 592 37 kg。

控一个以上的项目。这意味着所有与长距离有关的飞行都还在限制之列，也就是说从立法的角度而言，使用无人机运送包裹仍然无法实施。

☆ 飞行路线、地点的限制。无人机必须避开飞机航线和飞行限制区，必须严格遵守相关临时限飞令。无人机应避开有人驾驶的飞机场至少8 km。

☆ 取消对无人机操作者的飞行执照要求，只要求进行特定知识测试和资格证书。无人机操作者可登录FAA网页，在"Drone Pilot Ground School"获得预备的和商业的无人驾驶培训课程并获得证书。要求无人机驾驶员年满16周岁，而且每24个月接受一次认证和背景调查。在此之前，任何使用无人机的实体都必须拥有FAA颁发的资格证书，即驾驶员执照。

☆ 放宽对商用无人机的管控。FAA根据《107部》对商用无人机进行了监管：如果用户需要进行商业无人机操作，至少应提前120天进行申请。自此开启了持续审批并豁免商用无人机应用企业监管资质的大幕。

新法规对驾驶员和商用无人机管控的松动，使得无人机用户使用成本更低、审批更快、更简单。对于无人机厂商而言，则意味着销量的增加。预计在2025年之前，无人机产业可能会使美国GDP增加近千亿美元并提供10万个就业岗位。

另外，航空模型基本不受限制，只要不妨碍空中交通即可飞行。

3. 对非商业无人机的注册要求

2015年12月，FAA发布了一项关于小型无人机注册和标识的规定，要求自2016年2月19日起所有质量超过0.55 lb和小于55 lb（0.25~25 kg）的小型无人机都应该在FAA进行注册登记，注册有效期3年。未注册用户一旦被发现使用无人机，可能会面临严厉处罚，民事处罚金额可能高达2.75万美元，刑事处罚则包括高达25万美元的罚款以及长达3年的监禁。据统计，截至2016年年底已有67万人进行了相关注册。

4. 联邦政府和部分州政府对无人机的监管法规

逐渐被揭示的政府监控计划和无处不在的商用高清街景拍摄项目，让一些美国人对无人机这种高效的监控拍摄飞行器产生了强烈的抵触情绪，这种情绪催生出了更多法案。截至2014年，美国联邦政府和43个州政府已颁布了100多项法案来限制无人机的商业应用，使得拥有强大技术储备的美国在商业航拍和农业监测方面的无人机应用不如一些科研实力不及美国的国家。

2014年10月，FAA针对大型比赛出台规定，要求在比赛前1 h到比赛后1 h内，体育场周围3 mile^①（约4.83 km）内不得出现无人机（到场人数超过 3 万人的赛车场也适用该规定），违反这一规定的无人机驾驶员将面临为期一年的刑罚。

2015 年 FAA 发布声明，首都华盛顿特区以及里根国家机场周边 15 mile 半径范围内的区域都属于"禁飞区"，同年 9 月 FAA 将华盛顿特区的禁飞区半径从 15 mile 扩大到了 30 mile。之后 FAA 向美国航模学院（AMA）致信，要求该组织关闭旗下无人机俱乐部使用的 14 处飞行点。据悉，多达 36 个无人机俱乐部受到了 FAA 规则的影响，而且部分飞行点位于华盛顿特区以外的开阔地带。

2015 年 7 月，美国加利福尼亚州议员向众议院提交法案，要求对使用无人机干扰灭火工作的操控者处以 1 000~5 000 美元的罚款，同时处以最长 6 个月的拘留。

美国对公民隐私和个人财产有严格的保护法令。随着无人机的出现，美国一些州的法律进行了相关调整。亚利桑那州规定，一旦外来无人机飞到了私有财产上空，且其飞行高度与眼睛齐平的话，即被认定为非法入侵。爱达荷州规定，州内所有农场、牧场和农业相关企业未经土地所有者的允许都不得用无人机对其农产品进行监控。伊利诺伊州则分别颁布了约束执法部门和民间爱好者的两部法案来限制无人机的使用。

2015 年 10 月，美国加利福尼亚州州长杰里·布朗（Jerry Brown）在拒绝多项对无人机限制的提案后，签署了隐私保护扩大法案《AB 856》，以防止狗仔队利用无人机偷拍公众的私有财产，该法案将禁止"派遣无人机在他人领地上空录音或拍照"纳入其中。不过布朗并不欢迎其他对无人机使用加以限制的做法，他否决的一些提案，内容包括未经准入允许不得将无人机飞至他人财产上空，禁止公众在森林、学校和监狱使用无人机飞行等。

2015 年美国北达科他州通过《1328 法案》，该法案允许当地警察使用装备有泰瑟枪、催泪瓦斯、橡皮子弹等非致命性武器的无人机。

3.2.4 日本

近年来日本无人机失控造成的坠机事故时有发生，甚至出现预谋的无人机威胁事件。日本政府和立法机构面对小型无人机对安全构成的严重挑战，修订的《航空法》在 2015 年 12 月正式生效。修订后的法规明确了 4 个禁止：

① 禁止质量 200 g 以上的飞行器在机场、庆典、展览等人多拥挤场合，以及全国所有人口集中地区飞行。人口集中地区是指人口密度 4 000 人 /km² 或以上的地区，热门旅游地区也属人口集中地区。如果需要在禁飞区使用

---

① 1 mile=1 609.344 m。

无人机，必须事先申请，申请者需提交飞行目的、无人机编号等数据。

②禁止无人机在机场附近飞行。

③禁止无人机在涉及安全保障的设施上空飞行。

④原则上全部地区也不允许无人机在夜间飞行。

该法规还要求，操控人员必须在目视范围内控制小型无人机飞行，同时禁止使用小型无人机携带和运输爆炸物等危险品。在日本，一架无人机的价格在10万~15万日元，但如果违反上述4点禁令，将被处以50万日元（约3万元人民币）以下的罚款。目前，东京都和一些地方政府都相继修改了管理法规，禁止无人机在其行政区上空飞行。

虽然没有政府的无人机法规，日本无人机协会（JUAV）和日本农业航空协会已制定了一套令制造商、运营商、甚至日本民航局（JCAB）尊重的自愿性标准。依照这些标准，截至2015年日本已为大约2 600架无人机、1.1万名飞手颁发了合格证。

在无线电管理方面，目前小型无人机主要使用无线保真（Wi-Fi）进行操作，但随着网络流量的增加，会出现网络拥堵很难发送高清影像的现象。此外，考虑到操控小型无人机的无线电波之间存在相互干扰的可能性，也有必要对使用做出进一步规范。为此，日本总务省全面修改面向小型无人机的电波管理规定，将分配5.7 GHz频带和2.4 GHz频带中目前尚未使用的频带专供小型无人机使用，同时还放宽了对电波输出功率的限制。此外，日本无人机的消费规范也在制定当中。

3.2.5　俄罗斯

2010年3月《俄罗斯联邦空中管理条例》颁布，根据该条例第52条规定，无人机使用必须提前提交申请，并且拿到相关许可。2016年1月，有报道称普京总统批准了无人机注册的相关规定。根据该法律文件，在俄罗斯所有250 g以上私人拥有的无人机都必须向俄罗斯联邦航空运输署注册备案。此外，已注册的无人机使用者必须向地方空中交通管理部门提交飞行申请，申请计划被批准后，无人机才能飞行。

俄罗斯是一个空中管制很严的国家，使用无人机必须提前申请许可，但现实情况是一般个人和社会组织根本没有任何机会拿到该许可。2014年曾有一家俄罗斯公司试图与快餐店合作，使用无人机保证在30 min内送货上门，但该行为很快被勒令禁止，同时该公司被处以50万卢布的罚款。

相对于民用无人机的法律困境，俄罗斯的军队和政府部门却在大规模使用无人机。在俄罗斯内务部，已经有12支无人机飞行队，每个队由5~8架无人机组成；国防部设置有无人机特别培训中心，该中心在索契冬奥会期间出色地完成各种任务；移民局使用无人机在边境线进行非法移民的监控，联邦药物管理署用来检测毒品的跨境运输情况；等等。

3.2.6 其他国家

2015 年 12 月，沙特阿拉伯民航局（GACA）发布禁令，禁止使用无人机及其他所有远程遥控飞机在该国空域活动，以避免通过这些遥控飞机进行间谍活动，并避免对民航客机安全造成威胁。

阿拉伯联合酋长国在修订航空法律时出台了限制无人机使用的法规。根据该法规，驾驶配置摄像头的无人机是违法行为，同样法律要求无人机需要在该国民用航空器部门（GCCA）注册，获得批准后方可使用。如果无人机有可能对飞机、机场和航空服务设施产生危害，则不得使用无人机。该法规于 2015 年 4 月生效。今后 GCCA 也将展开对民众的法律普及，使无人机驾驶者清楚有关法律，包括飞行器的飞行范围、航空管制和安全措施等。

新西兰有关无人机和模型飞机的监管法律于 2015 年 8 月生效，该法律事实上禁止游客在公共场所使用无人机航拍。根据规定，如果个人的无人机或模型飞机要飞过某块土地，需要先征得土地所有人或占用人（比如恰好路过这块地的行人）的同意。即使你得到了土地所有人的同意，你还需要征得计划飞行区域内的所有人的认可。无人机只能在白天使用，同时不能飞出操控者肉眼视野范围之外，且飞行高度不得超过 120 m。如需在夜间或超出规定距离使用，须获得民航管理局批准。同时，无人机须为其他飞行器让路，不得在机场周围 4 km 范围内活动。当然新的规定给出了权宜方法，即向新西兰民用航空管理局支付 600 美元取得认证之后可以飞行。

3.3 我国的无人机相关法规

与国家体委主管的航模飞机不同，我国无人机归属于民用航空器，由中国民用航空局（简称民航局）牵头管理。局内主要的管理司局是飞行标准司、适航审定司和运输司。

近年来与国内无人机产业爆发式增长相比，无人机管理相对滞后。管理和应用往往是一对矛盾，又共同在矛盾中发展。"无人机 +"是指在应用中扩展领域，在领域中创造需求，在需求中发展进步。时代赋予无人机系统爆炸式发展的机会，而限制应用无异于让创新力量闭门造车。所以，对无人机一方面通过制定行政法规进行管理，另一方面通过技术标准进行规范，管理规定应避免"一刀切"地禁飞、限飞。近期随着《轻小无人机运行规定（试行）》《民用无人机驾驶员管理规定》等法规的出台，以及"无人机云"等技术平台的建立，无人机监管问题得到初步解决。

民用无人机法规关注的重点包括：飞行空域、飞行器产品的适航性能（标准）、驾驶员、治安安全和作业后产品（如测绘保密）等几个方面，构成综合的法规管理体系。

3.3.1 通用航空和无人机相关法规的发展

我国通用航空法规体系比较完整，对民用无人机的管理思路，基本上是按照现有相关通用航空法规框架来进行发展和完善的。

《中华人民共和国民用航空法》第一百四十五条对通用航空的界定为："通用航空，是指使用民用航空器从事公共航空运输以外的民用航空活动，包括从事工业、农业、林业、渔业和建筑业的作业飞行以及医疗卫生、抢险救灾、气象探测、海洋监测、科学实验、教育训练、文化体育等方面的飞行活动。"对飞行活动严重干扰空中交通秩序，威胁航空安全的，还可能因涉嫌危害公共安全罪被追究刑事责任。第二百零七条规定："违反本法第七十四条的规定，民用航空器未经空中交通管制单位许可进行飞行活动的，由国务院民用航空主管部门责令停止飞行，对该民用航空器所有人或者承租人处以一万元以上十万元以下的罚款"。

《中华人民共和国飞行基本规则》第二十七条规定："升放无人驾驶航空自由气球或者可能影响飞行安全的系留气球，须经有关飞行管制部门批准"。第三十五条规定："所有飞行必须预先提出申请，经批准后方可实施"。

航空法规关注到无人机最早是在 2003 年，当年 5 月 1 日我国开始施行《通用航空飞行管制条例》（以下简称《条例》）。其中，"第二条 在中华人民共和国境内从事通用航空飞行活动，必须遵守本条例。第三条 本条例所称通用航空，是指除军事、警务、海关缉私飞行和公共航空运输飞行以外的航空活动，包括从事工业、农业、林业、渔业、矿业、建筑业的作业飞行和医疗卫生、抢险救灾、气象探测、海洋监测、科学实验、遥感测绘、教育训练、文化体育、旅游观光等方面的飞行活动。第四条 从事通用航空飞行活动的单位、个人，必须按照《中华人民共和国民用航空法》的规定取得从事通用航空活动的资格，并遵守国家有关法律、行政法规的规定。第四十一条 从事通用航空飞行活动的单位、个人违反本条例规定，有下列情形之一的，由有关部门按照职责分工责令改正，给予警告；情节严重的，处 2 万元以上 10 万元以下罚款，并可给予责令停飞 1 个月至 3 个月、暂扣直至吊销经营许可证、飞行执照的处罚；造成重大事故或者严重后果的，依照刑法关于重大飞行事故罪或者其他罪的规定，依法追究刑事责任：（一）未经批准擅自飞行的；（二）未按批准的飞行计划飞行的；（三）不及时报告或者漏报飞行动态的；（四）未经批准飞入空中限制区、空中危险区的。"以上条文明确了无人机用于民用业务飞行时，须当作通用航空飞机对待。当时很少有民用中小型无人机，《条例》也没有从质量或功能对无人机进行分级管理。

一般认为，当无人机的载荷、升空高度与航程达到一定标准，就是通航产业范畴了。目前无人机作为通用航空的组成部分，各地区飞行管制部门按照《通用航空飞行管制条例》要求受理无人机飞行计划，但只受理企业用户的飞行计划申请，暂不受理个人用户的飞行计划申请。

2009 年 6 月，民航局空中交通管理局和空管行业管理办公室发布《民用无人机空中交通管理办法》（MD-TM-2009-002）以解决无人机的空域管理问题。该办法明确要求："组织实施民用无人机活动的单位和个人，应当按照规定申请划设和使用空域，接受飞行活动管理和空中交通服务，保证飞行安全。"

2009 年 7 月，民航局适航审定司发布《关于民用无人机管理有关问题的暂行规定》（ALD2009022），要求任何民用无人机在飞行前必须办理临时登记证和特许飞行证，并明确规定："拥有临时登记证和特许飞行证的民用无人机，应当按照空中交通管理、运行管理和无线电管理等部门的要求和规则运行"，并特别标注："本文所言民用无人机不包括航空运动模型"。可见，当时主要着眼于大中型无人机的管理。

2012 年 1 月，民航局适航审定司颁发了适航管理文件《民用无人机适航管理工作会议纪要》（ALD-UAV-01）。

2013 年 11 月，民航局飞行标准司发布《民用无人驾驶航空器系统驾驶员管理暂行规定》（AC-61-FS-2013-20），该规定在 2016 年进行了修订。

2014 年 4 月，民航局发布《关于民用无人驾驶航空器系统驾驶员资质管理有关问题的通知》，明确中国航空器拥有者及驾驶员协会（中国AOPA）负责无人机驾驶员资质管理，包括在视距内运行的空机质量大于7 kg 的无人机驾驶员和在隔离空域超视距运行的无人机驾驶员。民航局飞行标准司负责对中国 AOPA 的管理工作进行监督和检查。

2014 年 7 月，国务院、中央军委空中交通管制委员会（以下简称"国家空管委"）出台了《低空空域使用管理规定（试行）》（征求意见稿），从空域分类划设、空域准入使用、飞行计划审批报备、相关服务保障，以及行业监管和违法违规飞行查处等方面，对低空空域的管理使用进行了规定。

2015 年 12 月，民航局飞行标准司正式发布《轻小无人机运行规定（试行）》（AC-91-FS-2015-31），这是我国专门针对无人机进行管理的第一部行政规定（咨询通告）。《轻小无人机运行规定（试行）》主要内容包括：给出了无人机等相关名词规范的定义或内涵；按质量将无人机分为七类；

在民用无人机驾驶操作方面，明确无人机机长的职责和权限，以及驾驶员资格要求；对摄入酒精和药物的限制等做了规定；对飞行的规定包括飞行前准备；对飞行限制区域、视距内运行（VLOS）、视距外运行（BVLOS）等规定；明确了民用无人机使用说明书、民用无人机运行的仪表、设备和标识要求；明确指出民用无人机管理方式包括对民用无人机的运行管理和无人机运营人的管理；提出"无人机云"的管理平台概念和基本内容，对提供商须具备的条件做了说明，但没有规定由某一家唯一提供服务；单独给出了植保无人机运行要求，以及无人飞艇运行要求。

2016 年 7 月，民航局飞行标准司发布《民用无人机驾驶员管理规定》（AC-61-FS-2016-20R1），对《民用无人驾驶航空器系统驾驶员管理暂行规定》进行了修订。主要内容包括重新调整无人机分类和定义，新增管理机构管理备案制度，取消了原部分运行要求。该规定共包含目的、适用范围、法规解释、定义、管理机构、行业协会对无人机系统驾驶员的管理、民航局对无人机系统驾驶员的管理、修订说明和咨询通告施行 9 个部分。

我国无人机相关管理规定正在编制和征求意见的还有《使用民用无人驾驶航空器系统开展通用航空经营活动管理暂行办法》等。

3.3.2　无人机分类和驾驶员管理规定

世界各国对于无人机几乎都是在分类的基础上进行管理的。无人机系统分类方式较多，《轻小无人机运行规定（试行）》基本上是按质量将无人机分成 7 大类；《民用无人驾驶航空器系统驾驶员管理暂行规定》将无人机分为微型无人机、轻型无人机、小型无人机和大型无人机 4 类；2016 年 7 月颁布的《民用无人机驾驶员管理规定》全面系统地明确了我国无人机分类体系，共 9 个类别，以罗马数字表示。相比《轻小无人机运行规定（试行）》的分类方法，前 7 类完全一样，又增加了第XI和第XII类。分类表中VIII～X暂缺，是为今后行业无人机等类别预留的类别。为便于理解，表 3-1 采用新分类的同时，另加一列中文一般表述的分类说明。《轻小无人机运行规定（试行）》同时规定在实际运行中，当 I、II、III、IV、XI类分类有交叉时，按照较高要求的一类进行管理；对于串、并列运行或者编队运行的无人机，按照总质量分类；地方政府对于 I、II类无人机质量界限低于文件中规定的，以地方政府的具体要求为准。

表 3-1　《民用无人机驾驶员管理规定》无人机分类和一般表述

分类	空机质（重）量 /kg	起飞全重 /kg	一般表述
I	0 < W ≤ 1.5		超微型
II	1.5 < W ≤ 4	1.5 < W ≤ 7	微型
III	4 < W ≤ 15	7 < W ≤ 25	小型
IV	15 < W ≤ 116	25 < W ≤ 150	轻型
V	植保类无人机		
VI	无人飞艇		
VII	超视距运行的 I、II 类无人机		
XI	116 < W ≤ 5 700	150 < W ≤ 5 700	中型、大型
XII	W > 5 700		重型

　　该文件在"定义"部分，统一了"民用无人机驾驶员"的名称和意义，以及"视距内运行""空机质（重）量""隔离空域""人口稠密区"和"无人机云系统"等常用名词的定义。

　　按照上述无人机分类标准，对无人机系统驾驶员提出了相应的分类管理要求。无人机系统驾驶员分为视距内驾驶员和超视距驾驶员。无人机系统驾驶员管理基本思路是将其按安全性分为以下三种情形进行管理的。

1. 备案制度

　　对于安全风险很低，非故意情况下很难造成重大伤害的一类无人机，采用备案制度管理，无人机系统驾驶员自行负责，无须证照管理。这包括 I 和 II 类（即全质量 ≤ 7 kg）、在目视视距半径 500 m 以内、人机相对高度不超过 120 m 范围内的无人机，以及在室内运行的无人机，在人烟稀少、空旷的非人口稠密区进行试验的无人机，但应尽可能避免遥控飞机进入过高空域。根据社会公众对其认知和普遍期望，要求 I、II 类无人机驾驶员在网上可使用"无人机云"系统进行免费注册和备案，备案内容应包括驾驶员真实身份信息、所使用的无人机型号，并要求驾驶员定期通过在线的法规考试。

　　应该注意到，无人机监管不仅有质量指标，还有飞行距离、高度等指标要求。专业航拍多旋翼、测绘固定翼等多类无人机，虽然质量不超过 7 kg，但它们的飞行几乎都会超视距、超高度；另外产品设计可在 500 m 之外超视距运行的无人机列为第 VII 类，是需要对驾驶员进行证照管理的。可见，达到免于证照管理的标准还是较为严格的。

2. 培训合格证

对于有一定的安全风险性、社会关注度较高的轻小型无人机，驾驶员需要经过培训并取得培训合格证方可实施飞行。民航局委托中国 AOPA 实施驾驶员管理，局方飞行标准部门可以实施监督。这类无人机包括在隔离空域内运行的除Ⅰ、Ⅱ类以外的无人机，以及在融合空域内运行的Ⅲ、Ⅳ、Ⅴ、Ⅵ、Ⅶ类无人机。

2015 年 4 月，中国 AOPA 获得民航局授予的无人机驾驶人员资质管理权。这是中国 AOPA 第二次获得民航局授权，第一次批复授权了 1 年的时间，第二次批复授权时间是 2015 年 4 月 30 日—2018 年 4 月 30 日（此后每三年审批一次）。《民用无人机驾驶员管理规定》还对行业协会进一步明确了要求：建立驾驶员考试体系和标准化考试流程，可实现驾驶员训练、考试全流程电子化实时监测；建立驾驶员管理体系，可以统计和管理驾驶员在持证期间的运行和培训的飞行经历、违章处罚等记录。

3. 飞行执照

在融合空域运行的Ⅺ、Ⅻ类无人机，即中型、大型、重型专业无人机属于安全风险较高的一类，操作者需要先取得私用驾驶员执照或以上，由民航局进行管理。私用驾驶员执照并不是后续讲到的 AOPA 无人机培训合格证。

中国民用航空局航空器适航审定司在 2017 年 5 月颁布《民用无人驾驶航空器实名制登记管理规定》（AP-45-AA-2017-03），规定民用无人机制造商和无人机拥有者需要在"无人机实名登记系统"（http://uas.caac.gov.cn）进行实名制登记，并给出相应的操作程序和信息填报要求。

3.3.3 无人机空域管理

1. 无人机空域管理整体要求

《民用航空法》对航空器空域使用有相关规定："第七十条 国家对空域实行统一管理。""第七十四条 民用航空器在管制空域内进行飞行活动，应当取得空中交通管制单位的许可。""第二百零七条 违反本法第七十四条的规定，民用航空器未经空中交通管制单位许可进行飞行活动的，由国务院民用航空主管部门责令停止飞行，对该民用航空器所有人或者承租人处以一万元以上十万元以下的罚款。"

无人机具有数量多、飞行速度慢、作业时间随意性强等特点，与传统的空中交通管制方式不相适应；另外，随着技术的日新月异无人机可能在空中停留数天、数周或更久，增加了空中安全不可控制的风险，需要创建无人机专用的空中交通管制系统。针对此类情况，2009 年民航局适航审定司发布《关于民用无人机管理有关问题的暂行规定》（ALD2009022）、民航局空中交通管理局和空管行业管理办公室发布《民用无人机空中交通管理办法》（MD-TM-2009-002），这些文件主要解决无人机的空域管理问题，对空域管理、空中交通管理、无线电频率和设备的使用等方面给出了明确的要求。具体要求包括：民航空管单位应当按照有关法规对民用无人机飞行活动进行空中交通管理；组织实施民用无人机活动的单位和个人应当按照《通用航空飞行管制条例》等规定申请划设和使用空域，接受飞行活动管理和空中交通服务，保证飞行安全；申请划设民航无人机临时飞行空域时，应当避免与其他载人民用航空器在同一空域内飞行。所有这些都很明确地体现了民航局的管理思路，即无人机应当在为无人机划设的专用空域（即之前所提到的隔离空域）内飞行，不能在融合空域飞行，且飞行要向空管部门申请飞行空域和计划，得到批准后才能活动。

常见的"低空开放"概念是一个不准确的用词，因为我国的低空从未关闭过，所以不存在"开放"，专业的讲法是低空的有序使用。2014 年颁布的《低空空域使用管理规定（试行）》（征求意见稿）（以下简称《意见稿》），明确低空空域原则上是指全国范围内真高 1 000 m（含）以下区域。山区和高原地区可根据实际需要，经批准后可适当调整高度范围。《意见稿》将低空空域划分为三个种类：

① 管制空域：航空用户申请飞行计划，空管部门掌握飞行动态，实施管制指挥。

② 监视空域：航空用户报备飞行计划，空管部门监视飞行动态，提供飞行情报和告警服务。

③ 报告空域：航空用户报备飞行计划，向空管部门通告起飞和降落时刻，自行组织实施，空管部门根据用户需要，提供航行情报服务。

目前，综合各类航空用户需求，充分考虑地域因素和通航飞行特点，我国划设有 122 个管制空域、63 个监视区域、69 个报告区域和 12 条低空目视航线。通用航空飞行只向一个单位申报飞行计划；建有飞行服务站的地区，通过飞行服务站受理飞行计划；未建飞行服务站的地区，依托军用和民用运输机场的由所在机场空管部门受理飞行计划；不依托机场的由所在地区飞行管制分区主管部门直接受理或指定相关军民用机场空管部门受理飞行计划。

《民用无人机驾驶员管理规定》明确："融合空域，是指有其他有人驾驶航空器同时运行的空域；隔离空域，是指专门分配给无人机系统运行的空域，通过限制其他航空器的进入以规避碰撞风险。"

主管部门定义"无人机禁飞区"是未经批准不得擅自进行任何运营操作的区域；定义"无人机限飞区"为限制飞行的区域，在这类区域中无人机要有一定的质量限制，必须具备功能使其易于识别，并且提供空域自动限制的功能。我国重点关注无人机管理的有北京、上海等特大和大城市居住区，以及机场、军事禁区、党政机关等特殊区域。早在 2010 年广州亚运会期间就公示了无人机限飞指令。现在每年国庆期间的北京、2017 年"一带一路"国际合作高峰论坛等重大活动期间，地方政府和空管部门处于安保的考虑，通常会对无人机限飞。例如，2016 年为确保 G20 杭州峰会顺利举行，依据《浙江省人民政府关于对小型航空器和空飘物采取临时性管理措施的决定》，自 9 月 1 日至 6 日，对全省区域内小型航空器和空飘物采取临时性管理措施。在 G20 峰会前，公安机关会同民航、气象、体育等部门对小型航空器和空飘物进行登记；要求相关单位或人员对其管理、使用的小型航空器和空飘物予以临时封存，必要时也可以直接采取临时封存措施。无人机等物品持有人或单位应及时向当地公安机关备案或在社区（村）入户访查时如实提供信息。

《民用无人机驾驶员管理规定》指出："在视距内运行的微型无人机，或在人烟稀少、空旷的非人口稠密区进行试验的无人机，由驾驶员自行负责，无须证照管理。"其中，人口稠密区是指城镇、村庄、繁忙道路或大型露天集合场所等区域。

2. 机场净空保护区管理相关法规

（1）净空保护区的定义和边界

民用机场的净空保护区（机场净空区），多年来一直有明确的界定。国务院令第 553 号《民用机场管理条例》（2009）"第四十六条　民用机场所在地地区民用航空管理机构和有关地方人民政府，应当按照国家有关规定划定民用机场净空保护区域，并向社会公布。"

中国民用航空总局《民用机场运行安全管理规定》（2007）明确："第一百五十八条　机场管理机构应当积极协调和配合当地政府城市规划行政主管部门按照相关法律法规、规章和标准的规定制定发布机场净空保护的具体管理规定……第一百六十六条　在机场障碍物限制面范围以外、距机场跑道中心线两侧各 10 km，跑道端外 20 km 的区域内，高出原地面 30 m 且高出机场标高 150 m 的物体应当认为是障碍物，除非经专门的航行研究表明它们不会对航空器的运行构成危害。"

华北、华东等大区域民航管理部门的文件据此范围进一步明确了机场净空保护区。民航华北管理局《华北地区民用机场净空障碍物管理办法》（2013）"第一款　民用机场净空保护区是指机场远期规划跑道中心线两侧各 10 km、跑道端外 20 km 的区域，主要包括净空障碍物限制面、外水平面、机场电磁环境保护区域和部分飞行程序保护区域。"《华东地区民用机场净空保护区建设项目管理程序（2012 年版）》"第三条 民用机场净空保护区（以下简称"净空保护区")是指机场远期规划跑道中心线两侧各 10 km、跑道端外 20 km 的区域。"小型 4C 类单跑道机场净空保护区至少 850 km^2，两跑道的大型机场其净空保护区约 1 000 km^2，首都机场等更大型机场的净空保护区可达 1 600 km^2 或更大。

《北京市民用机场净空保护区域管理若干规定》（2010 年 11 月 1 日起施行）明确："第二条 市人民政府和民用机场所在地地区民用航空管理机构，按照有关规定划定本市民用机场净空保护区域，并向社会公布。第三条 民用机场净空保护区域所在地区县人民政府负责相关区域内民用机场净空保护管理工作"。即认定由地区民航管理机构来划定本市民用机场净空保护区域，并由区县人民政府负责相关区域内民用机场净空保护管理工作。

（2）净空保护区对无人机行为的限制和违规处罚

在净空保护区不能从事无人机飞行娱乐和作业等行为，《民用机场管理条例》（2009）明确指出："第四十九条 禁止在民用机场净空保护区域内从事下列活动：（五）放飞影响飞行安全的鸟类，升放无人驾驶的自由气球、系留气球和其他升空物体……第七十九条 违反本条例的规定，有下列情形之一的，由民用机场所在地县级以上地方人民政府责令改正；情节严重的，处 2 万元以上 10 万元以下的罚款。"

中国民用航空总局《民用机场运行安全管理规定》（2007）第一百五十九条也有类似的表述。

3.3.4 无人机的适航管理

1. 适航管理规定

适航是飞机这个工业产品上天飞行的最低安全标准。2009 年民航局适航审定司发布《关于民用无人机管理有关问题的暂行规定》（ALD2009022），明确当前我国无人机适航管理是对无人机做适航检查而不做适航审定，暂不办理标准适航证，无人机办理 I 类特许飞行证。因此，对于无人机研制企业来说，在我国所获取的是 I 类特许飞行证而非标准适航证。对民用无人机进行评审需要按照现行有效的规章和程序的适用部分来进行，我国现阶段无人机评审的基本原则是：

① 进行设计检查，但不进行型号合格审定，不颁发型号合格证；

② 进行制造检查，但不进行生产许可审定，不颁发生产许可证；

③ 进行单机检查，但不进行单机适航审查，不颁发标准适航证。

2012 年 1 月，民航局适航审定司颁发了适航管理文件《民用无人机适航管理工作会议纪要》，明确单机检查时以《民用航空器及其相关产品适航审定程序》（AP-21-AA-2008-05）为基础，制定具体检查单和检测方法；

以具体使用环境下能安全飞行为标准，以确定使用限制为重点，颁发Ⅰ类特许飞行证。这一般是针对大型无人机的技术要求。

《民用无人驾驶航空器系统适航管理要求（暂行）》和《民用无人驾驶航空器系统特殊适航证颁发和管理程序》正在征求意见，其中规定最大起飞质（重）量（MTOW）≤250 g的民用无人驾驶航空器系统无须向民航局申请适航证件；而对于最大起飞质（重）量大于250 g的民用无人驾驶航空器系统则需按照特殊类、限用类、标准类的分类方式申请相应的适航证件。

2. 无人机质量和使用现状

一方面无人机生产技术和操作门槛不高，制造和应用无人机易于推广；另一方面无人机对避免故障的要求十分苛刻，近乎是零容忍。任何一个环节的失误，如不成熟的产品设计，电子设备因为长时间飞行而过热死机，电子传感器偶尔受到干扰，侧风条件飞控反应不及时等，都会使无人机发生空中意外坠落；在净空、无高压线、无怪风、无金属矿的情况下，无人机也可能突然失联或摔落，这些都是俗称的"炸机"情况。"炸机"事故不仅造成无人机毁坏，而且会给地面人员和财产安全带来极大影响。

所以，随着无人机越来越普及和无人机产业的高速发展，应尽快制定无人机的产品标准，并对无人机飞手普及安全飞行知识。

3.3.5 涉及无人机使用的治安法规

2017年1月，公安部发布《治安管理处罚法（修订公开征求意见稿）》向社会公开征求意见，为期一个月。现行的《治安管理处罚法》并未对无人机等航空器材的使用作出规定，而此次的征求意见稿则在第四十六条特别增加规定："违反国家规定，在低空飞行无人机、动力伞、三角翼等通用航空器、航空运动器材，或者升放无人驾驶自由气球、系留气球等升空物体的，处五日以上十日以下拘留；情节较重的，处十日以上十五日以下拘留。特殊违法，涉及军事安全、测绘等保密事项、造成人身和财产重大损失的，分别适用其他有关法律法规"。

3.3.6 无人机"黑飞"的界定

根据2015年中国AOPA发布的《中国无人机报告》，我国目前有上万架无人机处于"黑飞"状态。

无人机"黑飞"泛指非法的、未经批准的、使用不具备有关证书的飞行器，以及飞行超出有关范围、无驾驶员资格等的飞行活动，包括出于盈利等各种主观意愿故意、可能危及社会的违法飞行。"黑飞"的界定涉及无人机的性能和分类、使用空域、驾驶员资格等方面。

1. 性能和分类

按照《民用航空法》《通用航空飞行管制条例》等法规，民用航空器在管制空域内进行飞行活动，应当取得空中交通管制单位的许可。

如果无人机被认为属于广义航空器，就要有产品的适航证书，包括了国籍登记证、适航证和电台执照等。

如果所有飞行器包括无人机、飞艇、航模、气球等，不分大小一律被认定为民用航空器的话，无人机的飞行流程其实和有人飞机并没有区别：首先，作为个人需要向民航地区管理局申请非经营性通用航空登记；其次，拿到登记证书后，每次在管制空域内飞行时（目前我国没有非管制空域），都要按照《通用航空飞行管制条例》，在飞行前1天的15时前向管制单位提交申请，批准后第二日方可实施。

可以确定的是，当无人机的载荷、升空高度与航程达到一定标准即属于通航产业的范畴，适用于以上法规。但一定规格以下的小微型无人机，是否是通用航空相关法律的调整对象？如何进行飞行、驾驶员、适航认证的证照管理？目前尚无定论。

2. 使用空域

我国尚未明确划定无人机可使用的空域，也没有管理部门授予无人机的飞行许可。具体实践中，在机场、军事和政府设施、广场等明确要求避开的人员密集区，超过一定高度（120 m）空域，以及涉及测绘等保密规定的飞行活动，都会被认定为"黑飞"。而在空旷地区、非敏感空间范围内、无恶意和危害的飞行，一般不被追究。近期民航局认定了U-CLOUD等无人机飞行申请平台的运营，可以理解为在平台上经过批准的飞行告别了"黑飞"。

3. 驾驶员资格

《民用无人机驾驶员管理规定》中有3种情况不需要持照飞行：室内飞行；在视距内运行的微型以下无人机，但理论上需要申报飞行计划；在空旷无人区做实验的无人机飞行，如河流、海上或沙漠等空旷的地方。除此之外，从驾驶员资格方面来看，驾驶7 kg以上无人机、没有民航局认定的由中国AOPA颁发的无人机驾驶员证书的，即被认定为"黑飞"。

3.4 无人机驾驶员培训

3.4.1 管理机构和管理要求

在无人机普及之前，民间爱好者和运动员主要是操作遥控航空模型，由中国航空运动协会（ASFC）颁发遥控航空模型飞行员执照，简称"RC飞行员执照"。

中国民航局于2016年7月颁布的《民用无人机驾驶员管理规定》明确："本咨询通告针对目前出现的无人机系统的驾驶员实施指导性管理，并将根据行业发展情况随时修订，最终目的是按照国际民航组织的标准建立我国完善的民用无人机驾驶员监管体系"。

该文件还明确，由中国AOPA负责颁发无人机驾驶员训练机构临时合格证，并对训练机构的申请条件、场地限制、课程设置、训练质量等相关内容进行了说明。中国AOPA自2014年4月30日正式开始委托相关企业培训无人机驾驶员，培训合格由中国AOPA颁发证书。2015年4月，民航局以民航文〔2015〕34号《关于民用无人驾驶航空器系统驾驶员资质管理有关问题的通知》，第二次授权中国AOPA无人机驾驶人员的资质管理。通知中明确：

"一、自2015年4月30日起，由中国航空器拥有者及驾驶员协会继续按照相关法律法规及规范性文件负责在视距内进行的空机质（重）量大于7 kg以及在隔离空域超视距进行的无人机驾驶员的资格管理。

"二、民航局飞行标准司负责对中国航空器拥有者及驾驶员协会的管理工作进行监督和检查。

"三、本通知的有效期至2018年4月30日"。

根据《行政许可法》《国务院机构改革和职能转变方案》（2013），中国AOPA受政府委托颁发无人机驾驶员训练合格证，在目前没有相关法律法规出台前的特定时期，这个训练合格证相当于执照。中国AOPA负责管理全国无人机驾驶员培训机构的审定，以及无人机驾驶员培训教学大纲、教学手册、教学质量、考试和发证等规则的制定，中国AOPA没有市场经营权，对培训机构的定价也没有干预的权利。目前，民航局尚未委托其他协会或机构进行无人机驾驶员培训及证书管理，而后续的申报空域、飞行计划等将可能与中国AOPA无人机驾驶员证书直接挂钩。

3.4.2　中国 AOPA 和培训机构

国际航空器拥有者及驾驶员协会（International Aircraft Owners and Pilots Association，IAOPA）是国际民航组织下属最大的协会。中国 AOPA 是 IAOPA 的国家会员，作为其在中国（包括中国香港、中国澳门、中国台湾）的唯一合法代表，于 2004 年 8 月 17 日在中国国家民政部登记注册。中国 AOPA 由中国民用航空局业务指导，是我国开展无人机领域沟通政府、民间社团和企业的牵头社团组织（非政府组织）。

图 3-1　中国 AOPA 标志（彩图）

3.4.3　《民用无人机驾驶员合格审定规则》简述

根据《民用无人机驾驶员管理规定》(AC-61-FS-2016-20R1)，中国 AOPA 负责管理视距内运行的空机质量大于 7 kg 以及在隔离空域超视距运行的无人机驾驶员的人员资质。为在局方授权范围内规范民用无人机驾驶员的合格审定工作，中国 AOPA 于 2017 年 11 月通过了《民用无人机驾驶员合格审定规则》(以下简称《审定规则》)，自 2017 年 11 月 28 日起施行。《审定规则》共有 6 部分内容，包括：总则、一般规定、驾驶员合格证、机长等级、教员等级和罚则，从无人机相关定义、适用范围、无人机驾驶员合格证考试要求和标准、合格证等级划分、考试作弊等方面，全面地阐释了无人机驾驶员合格证的相关规定。

1. 关于无人机等级划分及其驾驶员等级划分标准

民用无人机驾驶员合格证分为驾驶员、机长、教员三类。这三类合格证又依据类别等级（如：固定翼、多旋翼）及级别等级（级别等级按无人机质量划分）分为多种合格证。

2. 合格证有效期限及其更新

无人机驾驶员合格证的有效期限为两年。合格证持有人应在合格证有效期满前三个月内向无人机管理办公室申请重新颁发合格证。申请颁发流程：登录依据《轻小无人机运行规定》（AC-91-FS-2015-31）批准的无人机云系统，在线申请合格证更新，通过无人机管理办公室组织的实践考试后换发新证。当因等级或备注等信息发生变化申请重新颁发合格证时，其有效期自重新颁发之日起计算。

3. 有效期内合格证变更和补发

合格证持有人需要变更合格证上的个人信息，或合格证遗失、损坏后，持有人可以向AOPA办公室申请变更或补发。

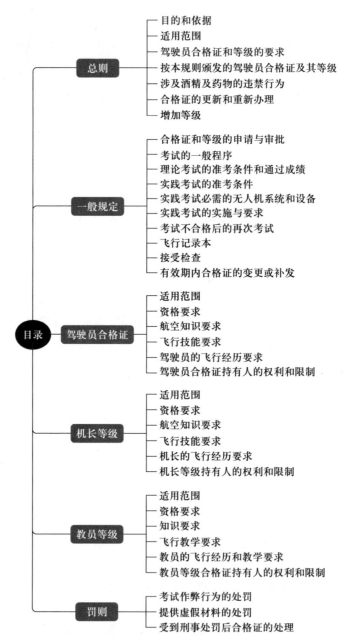

图 3-2 《民用无人机驾驶员合格审定规则》主要内容

4. 驾驶员、机长、教员合格证申请条件及持有权限

无人机驾驶员申请合格证申请条件及持有权限如图 3–3 所示。

级别	驾驶员合格证		
资格要求	年满 16 周岁		
资格要求	无犯罪记录		
资格要求	初中（含）以上文化程度		
资格要求	完成训练并通过考试（详见《审核规则》039 条）		
航空知识要求	民用无人机驾驶员管理和民用无人机运行有关的中国民用航空规章		
航空知识要求	气象学（包括识别临界天气状况）、获得气象资料的程序以及航空天气报告和预报的使用		
航空知识要求	航空器空气动力学基础和飞行原理		
航空知识要求	无人机主要系统，导航、飞控、动力、链路、电气等知识		
航空知识要求	无人机系统操作程序及通用应急操作程序		
航空知识要求	所使用的无人机系统特性	起飞和着陆要求	
航空知识要求	所使用的无人机系统特性	性能	飞行速度
航空知识要求	所使用的无人机系统特性	性能	典型和最大爬升率
航空知识要求	所使用的无人机系统特性	性能	典型和最大下降率
航空知识要求	所使用的无人机系统特性	性能	典型和最大转弯率
航空知识要求	所使用的无人机系统特性	性能	其他有关性能数据（如风、结冰、降水、限制）
航空知识要求	所使用的无人机系统特性	性能	航空器最大巡航能力
航空知识要求	植保无人机运行相关知识	开始作业飞行前应当完成的工作步骤，包括作业区的勘察	
航空知识要求	植保无人机运行相关知识	安全处理有毒药品的知识及要领和正确处理用过的有毒药品容器方法	
航空知识要求	植保无人机运行相关知识	农药与化学药品对植物、动物和人员的影响和作用，重点在计划运行中常用的药物以及使用有毒药品时应当采用的预防措施	
航空知识要求	植保无人机运行相关知识	人体在中毒后的主要症状，应当采取的紧急措施和医疗机构的位置	
航空知识要求	植保无人机运行相关知识	所用无人机的飞机性能和操作限制	
航空知识要求	植保无人机运行相关知识	安全飞行和作业程序	
航空知识要求	植保无人机运行相关知识	喷洒限制	
航空知识要求	植保无人机运行相关知识	喷洒记录保存	

飞行技能要求	通用部分	飞行前准备；气象判断、飞行空域与飞行计划申报、重量和平衡的计算、动力系统相关的准备、地面控制站的设置及起飞前无人机系统检查
飞行技能要求	通用部分	起飞、着陆和复飞，包括正常、有风和倾斜地面的起飞和着陆
飞行技能要求	通用部分	视距内机动飞行
飞行技能要求	通用部分	机场和起落航线的运行
飞行技能要求	通用部分	应急程序：飞行平台操纵系统故障、动力系统故障、数据链路故障、地面控制站故障及迫降或应急回收
飞行技能要求	固定翼类别适用	地面滑行
飞行技能要求	固定翼类别适用	临界小速度飞行，判断并改出从直线飞行和从转弯中进入的临界失速及失速
飞行技能要求	固定翼类别适用	最大性能（短跑道和越障）起飞，短跑道或松软跑道着陆
飞行技能要求	无人直升机类别适用	悬停，包括无人机平台正前方朝向不同方向时的悬停
飞行技能要求	无人直升机类别适用	以所需最小动力起飞和着陆，最大性能起飞和着陆
飞行技能要求	无人直升机类别适用	在涡环初始阶段的识别及改出
飞行技能要求	多旋翼类别适用	悬停，包括无人机平台正前方朝向不同方向时的悬停
飞行技能要求	多旋翼类别适用	以所需最小动力起飞和着陆，最大性能起飞和着陆
飞行技能要求	多旋翼类别适用	模拟单个动力轴动力失效时的应急操纵程序
飞行技能要求	垂直起降固定翼无人机类别适用	旋翼及螺旋桨动力切换故障处理或传动装置和互连式传动轴故障处理（如适用）
飞行技能要求	垂直起降固定翼无人机类别适用	临界小速度飞行、判断并改出从直线飞行和从转弯中进入的临界失速及失速
飞行技能要求	自传旋翼机类别适用	以临界小速度机动飞行，对小速度大下降率状态判断和改出
飞行技能要求	植保无人机相关要求	以无人机的最大起飞全重完成飞行，作业线飞行等操作动作
飞行技能要求	无人飞艇适用	最大性能（越障）起飞
飞行技能要求	无人飞艇适用	识别漏气现象
飞行技能要求	无人飞艇适用	轻着陆

飞行经历要求
至少 44 小时的飞行经历时间
多旋翼类别驾驶员合格证申请人，由授权教员提供不少于 10 小时带飞训练，不少于 5 小时单飞训练，计入驾驶员飞行经历的飞行模拟训练时间不多于 22 小时
对于除多旋翼类别外其他类别驾驶员合格证申请人，由授权教员提供不少于 16 小时带飞训练，不少于 6 小时单飞训练，计入驾驶员飞行经历的飞行模拟训练时间不多于 8 小时

图 3–3 无人机驾驶员合格证申请条件及持有权限（中国 AOPA 官网）

机长与驾驶员的申请条件基本一致，只是在驾驶员的基础上增加了空域申请、与空管通信、航线规划、任务执行指挥等技能要求，以及通过控制站操作无人机等内容。

教员合格证的要求与前两者有较大不同。首先，对申请人的年龄和学历要求有所提高，分别为18岁和高中（含）学历以上；其次，申请人的知识要求等方面更加注重无人机教学的内容。

5. 相关处罚

① 对考试作弊行为的处罚。对于出现违反办公室制定的按照本规则组织的考试中禁止行为的申请人，由办公室予以警告，申请人自该行为被发现之日起一年内不得申请驾驶员合格证及参加相关考试。

② 对于出现违反办公室制定的按照本规则组织的考试中禁止行为的合格证持有人，由办公室予以警告同时责令当事人立即停止飞行运行并交回其已取得的驾驶员合格证，驾驶员合格证被撤销之日起三年内，当事人不得申请驾驶员合格证及参加考试。

③ 对提供虚假材料的处罚。对于提供虚假材料的申请人，由办公室予以警告，申请人一年内不得申请驾驶员合格证及相关考试；对于违反本条规定的合格证持有人予以警告，同时责令当事人立即停止飞行运行并交回其已取得的驾驶员合格证，驾驶员合格证被撤销之日起三年内，当事人不得申请驾驶员合格证及参加考试。

6. 受到刑事处罚后合格证的处理

本规则合格证持有人受到刑事处罚期间，不得行使所持合格证赋予的权利。

3.4.4 无人机驾驶员培训

1. 报名条件

中国AOPA对无人机驾驶员报名的要求，主要包括年满16周岁、初中以上文化程度、无犯罪记录等。各培训机构（无人机驾校）自行设定的报考条件一般还包括：爱国守法、热爱航空和无人机事业，思维敏捷、动作协调、自控力强，矫正视力1.0以上。

下列情况不能申请驾驶员：色盲、色弱、患有心脑血管及精神类疾病，严重肢体残疾，眩晕症、癔症、震颤麻痹，长期使用依赖性精神药品成瘾尚未戒除等。

2. 合格证分类、分级和培训时间

无人机驾驶员的合格证需要分类训练获取，分为多旋翼、固定翼、直升机、飞艇、自转旋翼、垂直起降固定翼和其他的一些航空器类别。

《民用无人机驾驶员管理规定》将培训分为驾驶员、机长两个等级。《审核规则》中将合格证分为驾驶员、机长、教员三类，这三类合格证又依据类别等级（如：固定翼、多旋翼）及级别等级（级别等级按无人机质量划分）分为多种合格证。

无人机系统驾驶员是由运营人指派对无人机的运行负有必不可少职责并在飞行期间适时操纵无人机的人。无人机系统的机长是在系统运行时间内负责整个无人机系统运行和安全的驾驶员。无人机系统教员是无人机驾驶员培训机构和无人机驾驶训练所需要的教练员。

驾驶员和机长合格证可以直接考取，一般培训机构规定驾驶员飞行培训时间不少于 60 h；机长在无人机作业时要带领团队工作，同时也是成为教员的前提条件，故机长培训时间不少于 66 h。报考无人机教员，要求在获得机长合格证后有记录的飞行时间超过 100 h（有教员签字或盖公章、在合法空域内有效飞行）经验之后，才可以报名学习。

驾驶员分不同机型颁发合格证书。多旋翼无人机驾驶员学习时间最短，理论学习和飞行训练的时间在 15~20 天。固定翼无人机驾驶员的培训时长在 20~30 天。由于无人直升机复杂的结构和难以掌控的技术，其培训时间会更长一些，尤其是无人直升机的机长或教员。另外，持有无人直升机合格证的驾驶员可以驾驶多旋翼无人机，而多旋翼无人机驾驶员合格证的持有者不能驾驶无人直升机。

2017 年中国 AOPA 正式发布《民用无人机驾驶员合格审定规则》，将原合格证等级中的"驾驶员"更改为"视距内驾驶员"，"机长"更改为"超视距驾驶员"。

合格证有效期为两年，两年之后换发，须经过实践考试之后才能换发。

授权的培训机构自行招生并决定培训价格。2015 年多旋翼无人机驾驶员培训费约为 1 万元，机长约为 1.2 万元，固定翼无人机驾驶员培训费约 3 万元。

3. 培训内容和课程设置

以多旋翼无人机为例，驾驶员培训包括三个阶段：理论学习，模拟操作及实践飞行，考试。理论学习内容包括法律法规、无人机原理和组成、装机调试等；实践飞行主要掌握 4 s 360°（慢速水平 360°）、四位悬停、水平 8 字、定点降落、地面使用等操作。

（1）理论培训

理论学习包括的内容无人机概述与系统组成、民航法规与术语、空域的飞行与申报、航空气象与飞行环境、无人机分类与机型、飞行原理与航空器空气动力学基础、通信链路与任务规划、无人机系统特性、飞行手册及其他文档等。

（2）实际操作培训

学员不仅要对无人机遥控器、电池、螺旋桨等部件的工作原理、调试方式等充分地了解和掌握，还要进行模拟飞行训练，无人机装机调试、维修、保养、安全运行管理、应急处置，遥控装置设置，地面站航点航线规划，应急链路通信，起飞、降落、模拟航线飞行、悬停、转弯等各种飞行技术练习、充电设备和电池的使用等。

多旋翼无人机飞行基础练习包括：手动起飞、降落，四位悬停，增稳模式下 360° 自旋。

无人直升机飞行基础练习包括：手动起飞、降落，四位悬停，手动八位悬停。

固定翼无人机飞行基础练习包括：手动起飞、降落，水平航线，四边航线。

实际操作阶段的学习需要先在模拟器上练习，一般练习 1 个星期左右可以熟练掌握。然后进行无人机实践飞行练习，先使用 GPS 模式飞行，GPS 模式下的无人机空中飞行控制相对容易；之后换为手动模式，这时控制飞机的难度加大。大约经过一个月的练习，可以熟练掌握无人机的飞行技术。

4. 考试内容

理论考试每次从题库中抽选 100 题作为一次考试的试题，实践考试包括手动起飞降落、对尾悬停、四位悬停、慢速 360° 自旋、水平 8 字航线飞行。

表 3-2　教员培训课程安排

		学时	总学时
理论培训	航空知识及特殊情况处置	4	28
	教学法	24	
实践培训	正常飞行程序指挥	5	27/30/24
	应急飞行程序指挥与操作（固定翼 / 直升机 / 多旋翼）	12/15/9	
	教学法	10	

表3-3 各等级无人机驾驶员考试内容

等级	理论	实践
视距内驾驶员	70分	手动飞行,口试
超视距驾驶员（机长等级）	80分	手动飞行,原地360°自旋或水平8字飞行,地面站设置、自主飞行,口试
教员	80分	慢速水平360°、后退水平8字,口试; 无人直升机及多旋翼:手动起飞降落、对尾悬停、四位悬停、慢速水平360°、四边航线、水平8字航线、定点降落; 固定翼:手动起飞降落、四边航线、水平8字航线,模拟停机降落

5. 实际考试

参加考试时学员必须熟知以下航空知识:

● 航空法规以及机场周边飞行、防撞、无线电通信、夜间运行、高空运行等知识;

● 气象学,包括识别临界天气状况,获得气象资料的程序以及航空天气报告和预报的使用;

● 航空器空气动力学基础和飞行原理;

● 无人机主要系统,导航、飞控、动力、链路、电气等知识;

● 无人机系统通用应急操作程序;

● 所使用的无人机系统特性。

考试在同一天完成,监考由AOPA选派考官赴培训机构来实施。考试形式有以下3种。

① 笔试:计算机考试的选择题、判断题等,答题卡统一提交到AOPA进行阅卷。

② 口试:考官面对面向考生提出综合性问题,以测试考生心理、态度,观察考生是否具备民航人的素质等。

③ 实操:完成规定动作,例如水平8字、慢速水平360°等。

6. 培训机构和持证驾驶员情况

根据《民航驾驶员发展年度报告（2016年版）》,我国自2014年开展无人机培训以来,培训机构和驾驶员合格数量逐年增加。截至2016年12月31日,全国共有158家无人机驾驶员训练机构具备培训资质;各类无人机驾驶员合格证总数为10 255个,考试通过率逐年提高。无人机驾驶员主要分布在各民用无人机生产研发企业、相关应用单位和大专院校等,以多旋翼和固定翼驾驶员最多。

表 3-4　培训机构分布情况（暂无港澳台地区）

序号	省（区、市）	机构数	序号	省（区、市）	机构数
1	北京市	35	17	山西省	2
2	广东省	20	18	黑龙江省	2
3	江苏省	9	19	吉林省	2
4	山东省	9	20	福建省	2
5	河南省	9	21	湖南省	2
6	湖北省	9	22	重庆市	2
7	辽宁省	8	23	内蒙古自治区	1
8	四川省	7	24	江西省	1
9	陕西省	6	25	广西壮族自治区	1
10	浙江省	5	26	贵州省	1
11	云南省	5	27	甘肃省	1
12	河北省	4	28	宁夏回族自治区	1
13	新疆维吾尔自治区	4	29	青海省	1
14	天津市	3	30	海南省	0
15	上海市	3	31	西藏自治区	0
16	安徽省	3		合计	158

表 3-5　无人机驾驶员合格证数量统计表

合格证种类		2014 年	2015 年	2016 年	合计
固定翼	驾驶员合格证	100	241	876	1217
旋翼	直升机驾驶员合格证	55	200	533	788
	多旋翼驾驶员合格证	86	1455	6692	8233
飞艇	驾驶员合格证	3	2	1	6
垂直起降固定翼	驾驶员合格证	—	—	11	11
合计		244	1898	8113	10255

3.5 无人机作业产品数据安全

3.5.1 数据生成和使用安全

无人机作业后取得的测绘数据都是从数字照相机的"摄影测量"开始的,而我国用户摄影测量所使用的软件大量是国外产品,不能确保数据安全。因此,在使用软件生成各种地形图时,应固定专用计算机工作站,专机专用,不得联网使用;使用已完成的测绘成果时,一般也不得联网使用。有关科研和政府机关使用数字地图和相关数据库,应进行"全内部网络设计",杜绝一切网络攻击和入侵。

数据加密的一般方法有:

① 公网接口用 VPN 和数字证书认证;

② 所有数据都可以进行 128 位加密,内部间谍窃取机密后不能解码;

③ 客户端使用 USB 硬件狗加密,拔除后客户端即失效,防止非授权者操作,等等。

3.5.2 测绘成果保密规定

无人机测绘作业产品一般包括图视频和测绘成果,都需要进行保密管理。无人机作业产品具有高指向性和高清晰度,无人机现场工作中可以获取大比例尺、超过一定范围的地形图及其数字化成果图,高精度数字高程模型,涉及军事禁区的测量成果等,这些成果很可能涉密。《测绘管理工作国家秘密范围的规定》(国测办字 [2003]17 号)对涉密成果的名称、密级、保密期限和控制范围都做出了明确的规定,测绘成果密级分为三级共 19 项,其中绝密级 4 项、机密级 7 项、秘密级 8 项,成果的使用者(控制范围)也需要得到相关部门的许可。

表 3-6 测绘成果保密规定(部分)

密级	事项名称(部分)	控制范围
绝密级 4 项	1:10 000、1:50 000 全国高精度数字高程模型等	经国家测绘地理信息局批准的测绘成果保管单位及用户;经总参谋部测绘局批准的军事部门测绘成果保管单位及用户
机密级 7 项	涉及军事禁区的大于或等于 1:10 000 的国家基本比例尺地形图及其数字化成果图; 1:25 000、1:50 000 和 1:100 000 国家基本比例尺地形图及其数字化成果等	经省级以上测绘行政主管部门批准的测绘成果保管单位及用户;经大军区以上军队测绘主管部门批准的军事测绘成果保管单位及用户

密级	事项名称（部分）	控制范围
秘密级 8项	非军事禁区 1 ∶ 5 000 国家基本比例尺地形图；多张连续的、覆盖范围超过 6 km² 的大于 1 ∶ 5 000 的国家基本比例尺地形图及其数字化成果图； 1 ∶ 500 000、1 ∶ 250 000、1 ∶ 10 000 国家基本比例尺地形图及其数字化成果； 军事禁区及国家安全要害部门所在地的航摄影像等	经县市级以上测绘行政主管部门批准的测绘成果保管单位及用户；经大军区以上军队测绘主管部门批准的军事测绘成果保管单位及用户

3.6 无人机飞行技术管理

3.6.1 无人机飞行服务平台

无人机飞行需要向空管部门申请，为方便使用者，国家民航局等政府管理部门配合（批准）企业建立了轻小无人机飞行申报网上平台（大型无人机需要另外的申报管理办法）。目前，国家民航局许可的无人机服务平台有优云 U-CLOUD、云世纪 U-Care，另有地方主管部门批准的无人机服务平台有飞云 Flying-Cloud 和大疆 GEO 等。无人机平台既面向用户开展服务，也有配合政府和空管部门进行监管的功能。现在，部分地区的空管部门予以无人机服务平台申报飞行计划的审批配合，但在全国多数地方的无人机飞行还需纸面申请或电话确认等程序。

1. 优云

（1）优云概述

优云 U-CLOUD 网上无人机管理服务平台是一个"互联网 +"的云数据系统，包括申报飞行计划、保险、航行服务、气象、违规查询、地域查询、禁区查询等。现在监管的功能已经开通，正在与各地空管部门合作试运营 U-CLOUD，今后申报飞行计划将可以直接在网上进行申报审批。无人机上的 U-CLOUD 小盒子质量约 30 g，根据相关的规章规定，不同类别、不同区域的无人机都需要装上类似系统，2016 年 12 月 31 日以前部分满足，2017 年底该满足运行的无人机全要满足，有些无人机还需要加装电子围栏。U-CLOUD 的主要特色：

⊙ 监管部门协同管理，紧密结合民航最新政策法规；

⊡ 多终端云同步，无论在办公室还是室外，随时通过计算机、手机管理和监视无人机；

⊡ 飞行计划快速报批；

⊡ 飞行数据实时上报，结合禁飞区数据和电子围栏，无人机飞行过程实时监控、自动告警；

⊙ 飞行数据云存储。飞行计划、飞行日志记录云存储，国内民用无人机驾驶员、禁飞区数据、障碍物、公共建筑物、人口稠密区等基础数据库，无人机专用空域地图、航空规则和每天的空域信息等；

⊞ 支持多种数据链路接入，支持互联网 /2G/3G/4G/ADS-B/ 北斗低空雷达等多种链路数据接入。

无人机的飞行计划申请，飞行中的每一个动作变化、所有的航迹都可以用数据记录，高度、速度、位置、航向等数据都可以存储在 U-CLOUD 系统。一方面根据这些数据，可以有针对性地提供安保、预警、避让等不同场景的应用服务；另一方面，这些飞行数据可能涉及秘密，需要加强安全管理和运营监管。U-CLOUD 对各类无人机开放，包括工业级专业无人机、商用无人机和一般消费级无人机。

（2）申请飞行计划

在优云平台申请飞行计划的条件，应有注册过并可以使用的优云账号，以及有申请飞行权限的机长及以上等级资质。

① 注册优云账号可登录网址 www.u-cloud.cn，也可在网页版上单击"掌上优云"，在手机和平板计算机上安装移动终端版的优云系统，方便外出作业时实时掌握飞机的各项动态信息。

第一次打开优云系统需要注册自己的用户名及密码，注册用户分为个人用户和企业用户，根据用户性质不同优云要求不同的身份信息。例如，个人用户需要提供注册人的身份证扫描信息，企业用户需要提供企业营业执照扫描信息。注册完成后，即可登录优云系统申报飞行计划。

② 登录优云系统，单击"我的管家"，出现"飞行计划申请"等弹出窗口，如图 3-4 所示。

③ 单击"飞行计划申请"，在弹出的申请界面分别输入以下内容：

● "驾驶员执照号"为申请人的身份证号码；

● "最大飞行高度"不应超过地面以上 120 m；

● "起飞点"可在地图上拾取，自动获得点位的经纬度坐标，如图 3-5 所示；

● "降落点"可直接在地图上拾取，自动获得点位的经纬度坐标；

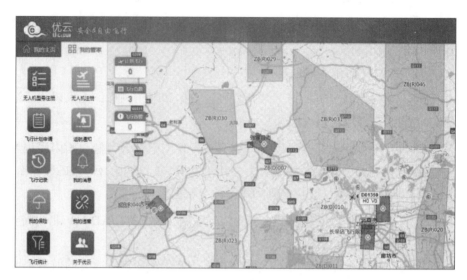

图 3-4 "我的管家"和"飞行计划申请"界面（彩图）

图 3-5 选择起飞、降落点（彩图）

● "飞行区域范围"可在地图上框选，自动获得变现拐点的经纬度坐标，如图 3-6 所示；

● "报批单位"在弹出的选择框中勾选；

● "计划描述"简单描述飞行目的等有关事项；

● "计划飞行时间"填写计划飞行的起止时间，注意必须在白天飞行，即飞行时间在日出后日落前。

图 3-6 选择飞行范围（彩图）

图 3-7 选择报批单位和计划飞行时间

④ 单击"选择无人机"，在弹出的下拉框中勾选无人机注册号，如图 3-8 所示。

⑤ 单击"获取验证码"按钮，中国 AOPA 将发送验证码到驾驶员执照号绑定的手机上，如图 3-9 所示。

⑥ 单击"提交"按钮，完成飞行计划的申报，获批的飞行计划如图 3-10 所示。

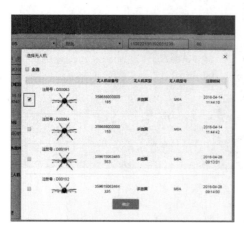

图 3-8　选择无人机注册号　　　　　图 3-9　获取验证码

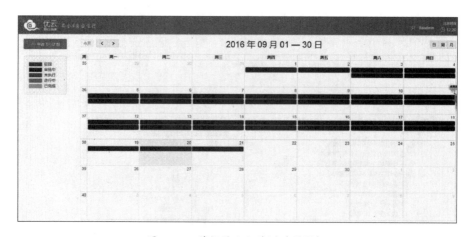

图 3-10　获批的飞行计划（彩图）

2. 云世纪

2016 年 4 月国家民航局颁布运行批文，许可青岛云世纪公司的 U-Care 无人机综合监管云系统进入市场运营，为无人机爱好者、行业用户以及相关航空和公众安全管理部门提供服务，这是第二家获得无人机运营许可的服务平台。U-Care 重视安全和信息的共享，既维护无人机使用者的权益，让其获得更高安全余度的自由飞翔；同时也关注监管方需求，通过电子围栏、禁区告警等功能避免无人机对航空安全飞行、公共安全和国家安全造成的影响。作为无人机的运营系统，U-Care 提供无人机与驾驶员管理、飞行计划和服务管理、航空资料大数据等基本功能，并参照空管运行系统标准开发设计，在稳定性、专业性和安全监管需求上具有优势；在地图使用、飞行计划审批和空域监管上结合我国的空域资源管理现状，在系统中直接预留与航空管监视系统的接口，支持与国内大多数主流空管业务系统对接。

3. 飞云系统

飞云系统（Flying-Cloud）由行业协会（四川通用航空协会）批准设立，平台配合空域管理，通过专线建立情报及数据交换。在空管部门配置专门终端，划设各类禁区、限制区和电子围栏，实时查看入网无人机的运行情况，及时掌握飞行动态。飞云系统为用户提供飞行计划申请、无人机飞行态势与流量显示、气象服务、自动化终端监视、空管仿真等服务。申请成为飞云系统的使用者，需要提交个人身份证、无人机驾驶员合格证、登记飞行器及相关信息、阅读安全使用飞云系统须知、签订使用飞云系统协议、四川省通用航空协会发放使用飞云系统合格证书、法律法规学习合格证和无人机验证报告等，可在四川省通用航空协会申请的空域验证飞行（保留视频）。

4. 大疆无人机飞行信息系统

深圳市大疆创新科技有限公司在 2015 年 11 月推出的无人机飞行信息系统地理空间环境在线（Geospatial Environment Online，GEO）率先在北美和欧洲地区投入使用，它将为使用大疆公司产品的用户实时提供所在区域的飞行限制和安全提示等信息。

3.6.2　标准化工作

1. 无人机系统标准化协会（筹备）

无人机系统标准体系由国家标准、行业标准、地方标准、团体标准、厂商标准等构成，每类标准侧重点不同。国家标准是强制性标准，其关注的重点是国家安全、公共安全、环保、有效监管等；行业标准旨在树立行业门槛和标杆，关注的是行业准入、研制生产、认证贸易、运营使用等；团体和厂商标准是市场选择的事实标准，包括品牌认证标准、采购认证标准等，有助于提升成员品牌影响力、促进资源融合、打造高效产业链。

2015 年 12 月我国部分从事无人机系统领域技术开发、产品制造、运营等企事业单位及高等院校、社会团体，共同组建了无人机系统标准化协会（筹备）理事会及技术委员会，包括工信部、民航局、国家标准化管理委员会、中国航空集团等 59 家单位的 160 位代表出席了成立大会。无人机系统标准化协会拟定了《无人机系统术语》《民用无人机系统分类及分级》两项团体标准。其中,《无人机系统术语》针对无人机系统设计、生产、消费、使用和监管,主要规定基础术语、无人机平台、任务载荷、控制站、数据链、保障与维护 6 个方面的术语定义;《民用无人机系统分类及分级》针对民用无人机系统的安全监管和研制生产,主要规定民用无人机系统按平台构型、起飞 / 空机质量或气囊体系、动能、目视视觉接触操作、控制方式、感知与规避能力、最大设计使用高度、最大空速、实时操作距离、续航时间等 16 个维度的分类和分级要求。这是我国首批无人机系统团体标准,是"野蛮生长"的无人机产业步入健康有序发展的一个标志。

2. 工信部规划无人驾驶航空器系统频段

为了进一步完善无人机作业规范,避免黑飞所造成的各种事故,2015 年 3 月工信部发布《工业和信息化部关于无人驾驶航空器系统频率使用事宜的通知》,主要内容:为满足应急救灾、森林防火、环境监测、科研试验等对无人驾驶航空器系统的需求,根据《中华人民共和国无线电频率划分规定》及我国频谱使用情况,规划 840.5—845 MHz、1 430—1 444 MHz 和 2 408—2 440 MHz 频段用于无人驾驶航空器系统。

3.6.3　无人机可识别技术和使用者登记

无人机可列为特种设备范围,需从生产、销售和使用方面进行规范管理,需要建立无人机生产、销售、使用可追溯制度,包括无人机的自动识别、使用实名制等。

无人机自动识别技术是指对执法实体的询问做出反应,并提供有关无人机、运营商和运营信息的技术。生产企业是监管工作的源头,可以强制要求其在生产过程中对无人机核心部件实行全国统一的电子编码,实行身份识别,类似移动手机网络或无线射频识别(RFID)技术。建立生产可追溯制度,可以从源头解决无人机身份认证的问题。

在销售环节可以建立统一的数据库对无人机销售进行登记,销售主体和使用者实名制登记,操作者更需取得相应资质。

2016 年由深圳市标准技术研究院牵头起草的《民用无人机系统二维条码信息标识技术规范》和《民用无人机系统身份识别通用要求》,以及由深圳巴伦检测技术有限公司起草的《民用无人机系统性能测试方法第 3 部分:无线射频性能》等 3 项联盟标准通过评审,3 项标准的最大亮点是提出了监管方面的细则,比如民用无人机产品将预留身份识别接口,并在管理平台注册登记无人机信息,可以方便监管部门对"黑飞"进行核查;对于无人机销售商，也要求提交销售商个人信息以及企业营业执照。

3.6.4 电子围栏技术

电子围栏（也称地理围栏）是在特定地区周围划设的保障特定地区安全的电子隔离装置，用以阻挡将侵入该地区的航空器，同时具有报警功能。由于无人机通常是通过 GPS 进行定位的，如加装 GEO 的大疆无人机就可以设置基于 GPS 信息的飞行自我拦截系统，将北京市六环路内、上海虹桥 / 浦东机场等区域设置为禁飞区，这样就能防止无人机意外飞到受限制区域，如机场、军事设施、政府建筑物、监狱上空等。GEO 系统还可以为无人机驾驶员提供实时的禁飞区信息，提示例如临时的大型体育、音乐会等活动现场区域。

目前美国国家航空航天局（NASA）的科学家们正在研究利用地理围栏技术来帮助无人机界定哪些地方可以进入，并管理和追踪无人机。地理围栏技术包括禁止无人机飞入和禁止飞出两种方式，同时传感器还能够帮助无人机识别并避免撞到障碍物。

3.6.5 无人机的发现和预警

反无人机技术关键在于如何发现无人机。监管部门使用常规雷达、多普勒雷达、X 波段雷达，以及采用红外摄像头和方向识别器来检测无人机，对"监管对象无人机"进行追踪并锁定无人机驾驶员。目前，各国在大力发展无人机技术的同时，也在积极研发无人机的发现和预警技术。

美英两国的军工企业在反无人机领域展开合作，美国 API 技术公司和英国布莱特监控系统公司正在合作开发在 8 km 的范围内探测小型无人机的多普勒雷达。

美国弗吉尼亚州的 DroneShield 无人机制造商根据声学原理，将多个麦克风通过金属杆与传感器连接，麦克风收录的外界声音通过转换，与已知的无人机信号进行对比，当检测到无人机后，通过邮件或短信的方式告知用户。该公司提供无人机接近预警服务，协助政府、公司和市民检测无人机。

以色列航空工业公司 IAI 开发了无人机地面探测系统，以及用于对抗小型遥控飞机、无人直升机和四轴 / 多轴飞行器的技术。被称为无人机警卫的地面探测系统应对无人机有三种独立的解决方案，分别用于短程、中程和远程检测和切断无人机飞行。该系统主要使用振动、转动和翻滚等微多普勒特征和 X 波段雷达，识别地面和空中的飞行器目标，以便探测低速低空飞行的小目标。

法国 ECA 公司设计制出专门反制的无人机，能够对"无赖无人机"进行追踪并锁定其驾驶员。一旦探测到"无赖无人机"，EC180 无人机就会对其进行追踪，找到驾驶者并拍下其面部照片。该技术能够在 1 min 之内发现并定位半径 700 m 范围内的无人机和无人机驾驶员。

空中客车公司 AIRBUS 研发的反无人机系统，采用红外摄像头和方向识别器来检测无人机，并评估是否会造成威胁，最远探测距离可达 10 km。对于认定为威胁的无人机对象，该系统则会干扰无人机链路，或者干扰无人机的导航系统，还可以追踪无人机驾驶员的位置。

俄罗斯联合仪器制造集团将一种微波武器安装在"山毛榉"防空导弹发射车上，可使 10 km 范围内的无人机电子设备失灵。

3.6.6　捕获、摧毁和劫持技术

1. 无人机捕获

软杀伤网式拦截技术在发现恶意侵入的无人机之后，通过发射一张特殊材质的网将无人机网住，可对航空模型、动力三角翼、动力伞、风筝等低空慢速小型飞行器进行探测、预警、跟踪、定位与高效拦截。

图 3-11　无人机捕获网

2. 激光武器

激光武器被认为是拦截、击落无人机的最佳解决方案之一。与其他定向能武器类似，激光束聚焦能将目标烧穿，也可以通过损坏无人机的关键

部件使其失能。强大的激光脉冲可在高频产生，所以它被用于破坏敌方无人机、飞机或战舰的光学或电磁感应器。激光发射成本低、射速快、操作灵活。

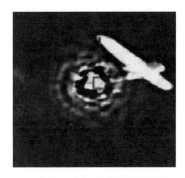

图 3-12 激光击中机尾位置（彩图）

3. 电子干扰

通信链路是无人机系统操纵的主要途径，也是无人机的薄弱环节，因此无人机系统对电磁波干扰非常敏感，一旦受到干扰，就会导致产生错误的控制指令，致使无法执行任务，甚至可能失控坠机。

发射干扰波有两种模式，一种是短暂的无线电干扰，让无人机操纵者感觉到飞机进入半失控状态然后迫降，这可以理解为一种警告；如果无视警告继续非法飞行，则会用第二种"锁死"模式，直接断掉遥控信道，强迫无人机坠落，制止非法侵入。这些设备对实时遥控型无人机或必须依靠 GPS 导航的无人机有效。

图 3-13 反无人机电子装备

4 无人机飞行与气象

气象指发生在天空中的风、云、雨、雪、雾、电闪雷鸣等一切大气的物理现象。气象学中"基础要素"是在一定地点和特定时刻，说明大气物理状态、物理现象以及某些对大气物理过程和对物理状态有显著影响的物理量。其中表示大气性质的物理量有气压、气温、湿度，以及近年城市中的大气能见度等；表示空气的运动状况的物理量有风向、风速等；云、雾、雨、雪、雷电等是大气中发生的现象；蒸发、辐射、日照是天气影响要素。

无人机飞行在空气中，依大气而生、而降、而行。气象要素对飞行及安全影响重大，是限制飞行的主要因素之一。无人机作业前应了解天气状况，较可靠的方法是查看气象站发布的天气预报，亦可以使用简易的地面测量仪器，或参考当地常年的观测记录。

4.1 大气性质要素及其影响

4.1.1 气压

1. 气压的物理意义

气压是大气压力的简称，是指在任何表面的单位面积上空气分子运动所产生的压力。气压的大小同高度、温度、密度等有关，高度增高、温度升高而使空气的密度降低（稀薄）从而气压减小。气压是通过测量地球表面大气层空气柱重力所产生的压力获得，国际制通用单位名称为帕，单位

Pa，此外还有毫巴（mbar）、毫米汞柱（mmHg）等[①]。

2. 气压对无人机的影响

无人机螺旋桨旋转或机翼滑行获得的升力，与大气的密度、大气压力有关。无人机使用气压计确定高度，并将密度不同的空气阻力情况反馈给飞控系统，调整螺旋桨转速（输出动力）和机翼倾角，控制无人机达到和维持预定速度，操作无人机的上升和下降。

无人机根据气压确定飞行高度。在山地、水面等复杂环境中，气压计因受升降气流影响误差较大，有时可达几十、甚至数百米，驾驶员需要通过地面站实时予以关注。

在青藏高原等海拔高、空气稀薄的环境中，无人机需要预设更长的降落距离，并在现场确定避开山林等障碍物。近地面勘察使用的无人机，飞行高度多在 3—50 m，处于对流层的下层，地形地貌、水面沙丘等不同的下垫面会造成乱流较多干扰微型无人机，因此应时刻关注无人机的作业状态。

4.1.2 气温

1. 气温的物理意义

气温是表征空气冷热程度的物理量。在一定的容积内，一定质量的空气，其温度的高低只与气体分子运动的平均动能有关。空气冷热的程度，实质上是空气分子平均动能的表现。当空气获得热量时，其分子运动的平均速度增大，平均动能增加，气温也就升高。反之当空气失去热量时，其分子运动平均速度降低，平均动能随之减少，气温也就下降。温度以摄氏度或华氏度为单位，分别用℃和℉表示，理论研究工作中则常用热力学温度 T（单位 K）表示[②]。

大气的温度主要来自地面的长波辐射。海拔高的地方空气稀薄，白天空气对地面长波辐射吸收少，温度低；晚上大气的保温作用差，温度低。因此，海拔越高气温越低。在对流层内，海拔大约每升高 100 m，气温约下降 0.6℃。

2. 气温对无人机的影响

气温的高低不同、竖向温差变化都对无人机飞行产生影响。通常在无人机测绘工作的 200—400 m 空间，会有 1.2 ℃~2.4 ℃的温差。

---

① 毫巴（mbar）、毫米汞柱（mmHg）不是我国标准的计量单位，1 bar=100 Pa，1 mmHg=133.3224 Pa。

② 华氏度不是我国标准计量单位，$\dfrac{t_{F}}{°F}=\dfrac{9}{5}\dfrac{t}{°C}+32=\dfrac{9}{5}\dfrac{T}{K}-459.67$。

● 无人机使用的锂聚合物电池最佳工作温度是 20—30 ℃。电池对温度很敏感，温度越低电池容量损失非常快，甚至会导致电池损坏。

● 高温影响电机的散热。小微型无人机多使用风冷却（而不是水冷却）控制温度，风冷对主板和电池的温度调节能力有限。当气温高于 35℃时，应该注意适当减少作业时间，避免主板和电池过热。

● 无人机的部分塑料部件在高温的烘烤下容易老化，甚至变软、变形。

4.1.3　大气湿度

大气湿度是表示大气中水汽量多少的物理量，与云、雾、降水等密切相关。大气湿度常用下述物理量表示，其中：水汽压、比湿、水汽混合比、露点表示空气中水汽含量的多寡，相对湿度、饱和差、温度露点差则表示空气接近饱和的程度。

1. 水汽压和饱和水汽压

大气压力是大气中各种气体压力的总和。水汽和其他气体一样也有压力，大气中的水汽所产生的那部分压力称水汽压，它的单位和气压一样，也用 Pa 表示。在温度一定的情况下，单位体积空气中的水汽量有一定限度，如果水汽含量达到此限度，空气就呈饱和状态，这时的空气称饱和空气。饱和空气的水汽压称饱和水汽压，也叫最大水汽压，因为超过这个限度，水汽就要开始凝结。饱和水汽压随温度的升高而增大，在不同的温度条件下，饱和水汽压的数值是不同的。

2. 相对湿度

相对湿度是空气中的实际水汽压与同温度下的饱和水汽压的比值。相对湿度直接反映空气中水汽的饱和程度。当其接近 100% 时，表明当时空气接近于饱和。当水汽压不变时，气温升高，饱和水汽压增大，相对湿度会减小。

3. 露点

在气压不变、水汽含量不变的情况下，未饱和空气因冷却达到饱和时的温度称露点温度，简称露点（T_d）。水汽含量愈大，露点愈高，所以露点也是反映空气中水汽含量的物理量。在实际大气中，空气经常处于未饱和状态，露点温度比气温低（$T_d < T$）。因此，根据 T 和 T_d 的差值，可以大致判断空气中水汽饱和的程度。

4. 雾

地表大气中悬浮的水汽达到饱和水汽压时开始凝结，能见度低于 1 000 m 时，气象学称这种天气现象为雾。1 m³ 的空气在气温 4℃时，最多能容纳的水汽量是 6.36 g；而气温在 20℃时，1 m³ 的空气中最多可以含水汽量是 17.30 g。如果空气中所含的水汽多于一定温度条件下的饱和水汽量，多余的水汽就会凝结出来，当足够多的水分子与空气中微小的灰尘颗粒结合在一起，同时水分子本身也会相互黏结，就变成小水滴或冰晶。较多的水汽和固态粒子形成了湿漉漉、白蒙蒙的雾。当水滴中含有较多的杂质甚至是污染物时，便是灰黄色的雾霾。近地面的水汽凝结为雾，低、中、高空的水汽凝结成云，某种条件下云遮雾罩连成一体。

4.1.4 能见度

能见度是反映大气透明度的一个指标，指视力正常的人在当时天气条件下，能够从天空背景中看到和辨出目标物的最大水平距离，单位为 m 或 km。

影响能见度的因素主要有大气透明度、灯光强度和视觉感阈。大气能见度和当时的天气情况密切相关。当出现降雨、雾、霾、沙尘暴等天气过程时，大气透明度较低，因此能见度较差。无人机摄影图像的清晰度，很大程度上取决于大气能见度。在低云、扬沙、雾、雾霾等不利气象条件下，只能放弃外业工作，静待气象条件转好。

4.2 空气运动状况要素及其影响

空气运动产生的气流称为风，风向、风力对无人机的飞行都会产生直接影响。

4.2.1 风向

风向是指风的来向，最多风向是指在规定时间段内出现频数最多的风向。在气象观测中，风的方向分为较细的 16 方位，海上多用 36 方位表示，在高空则用角度表示。用角度表示风向，是把圆周分成 360°，北风（N）是 0°（即 360°），东风（E）是 90°，南风（S）是 180°，西风（W）是 270°。

4.2.2 风速和风力

风速是指单位时间内空气在水平方向运动的距离，单位为 m/s 或 km/h。气象学中的最大风速是指某个时段内出现的最大 10 min 平均风速值，极大风速值是某个时段内的最大瞬时风速。风力是用风级表示的风的强度，风力越强风级越大。风力和风速的等级划分见表 4-1。

表 4-1　风力和风速等级划分（部分）

级数	1级	2级	3级	4级	5级	6级	7级
风速 /（m·s⁻¹）	0.3~1.5	1.6~3.3	3.4~5.4	5.5~7.9	8.0~10.7	10.8~13.8	13.9~17.1

根据风对地面物体或海面的影响程度，1805 年英国人弗朗西斯·蒲福（Francis Beanfort）将风力从弱到强划分为 0 到 12 共 13 个等级，称为蒲福风级（Beaufort scale）（表 4-2）。蒲福风级是目前世界气象组织所建议的风力分级。后来人们发现自然界的实际风力可以大大地超过 12 级，于是把风力划分扩展到 17 级，即总共 18 个等级。

表 4-2　蒲福风级（部分）

蒲福风级	风速 /（km·h⁻¹）	风力名称	浪高 /m	海面情况	陆上情况
0	小于 1	无风（Calm）	0	平静如镜	烟直向上
1	1~5	轻微/微风（Light air）	0.1	无浪，波纹柔和，如鳞状，波峰不起白沫	烟可以表示风向，风向标不转动
2	6~11	轻微/微风/轻风（Light breeze）	0.2	小浪，小波相隔且短，但波浪显著；波峰似玻璃，光滑而不破碎	人面感觉有风，树叶微摇，风向标转动
3	12~19	和缓/温和/微风（Gentle breeze）	0.6	小至中浪，小波较大，波峰开始破碎，波浪中有白头浪	树叶和小树枝摇动不息，旌旗展开
4	20~28	和缓/和风（Moderate breeze）	1.1	中浪，小波渐高，形状开始拖长，白头浪颇密	小树枝摇动；吹起地面灰尘和纸张
5	29~38	清劲/清风（Fresh breeze）	1.8	中至大浪，中浪形状明显拖长，白头浪更多，中间有浪花飞溅	有叶的小树整棵摇摆；内陆水面有波纹

续表

蒲福风级	风速 /(km·h⁻¹)	风力名称	浪高/m	海面情况	陆上情况
6	39~49	强风（Strong breeze）	2.9	大浪出现，四周都是白头浪，浪花颇大	大树枝摇摆，持伞有困难，电线有呼呼声
7	50~61	强风/疾风(Near gale)	4.1	大浪至非常大浪，海浪突涌堆叠，碎浪的白沫随风吹成条纹状	全树摇动，人迎风前行困难

4.2.3 风与无人机的关系

1. 空速和地速

无人机在空气中飞行，依靠机翼或螺旋桨对周围的空气介质施加作用力而前进，操作遥控器进行的任何打杆动作影响着飞机相对于空气的运动状态。飞行器相对其周边空气介质的速度，称为对空速度，简称空速。例如，在空中松开气球之后，气球越飘越远，它是被风即空气介质团的整体裹挟而去的，相对于周围空气几乎没有移动，因此空速为 0。而相对于地面，气球离开的速度简称地速。无人机在诸如室内等平静无风的环境里，空速等于地速。而在有风的室外环境，静止在地面的人看到的无人机移动速度，还需要考虑它在空气中的相对运动，这时候飞机的地速还应加上风速（顺风飞行）或减去风速（迎/逆风飞行）。即使用同样的动力，顺风飞行时无人机对地速度更快，但空速相对较低，反之也是同样道理。如果空速与风速相同，且方向与风向相反时，会出现什么情况呢？这时，无人机相对于地面悬停在了空中，多用来拍摄固定目标。

风速和无人机的相对速度（即空速）决定了升力的大小。空速需要实时精确地进行测量，并将结果反馈给飞控芯片。空速管是飞机上极为重要的测量仪器，主要用来测量飞行的速度，也称皮托管、总压管。空速管的安装位置要在飞机外面气流较少受到飞机影响的区域，一般在机头正前方、垂尾或翼尖前方。为了保险起见，一架飞机通常安装 2 套以上空速管，有的飞机还在机身两侧装有 2 根小的空速管。美国隐身飞机 F-117 在机头最前方安装了 4 根全向大气数据探管，因此该机不但可以测大气动压、静压，还可以测量飞机的滑角和迎角。

图 4-1　捕食者无人机头部的空速管

2. 风力和风向影响无人机飞行

　　无人机在顶风前进、侧向逆风或静止时，将消耗更多的电能。对于侧风吹来的情况，一方面会使无人机偏离航向；另一方面为保持平衡无人机需要倾斜机体，做类似横行的"蟹式飞行"，速度随之降低。例如，无人机以 80 km/h 的速度飞行，遭遇侧向 40 km/h 的横风（风向与飞行方向垂直），无人机相对于运动方向朝风吹来的方向沿水平轴向偏转 45°，其相对于地面的速度降低为 40 km/h。为了保持悬停状态，旋翼机必须向来风的方向倾斜机身，并加速旋翼转速。因此，侧风时飞行的滞空时间更长，同样的电池只能执行不超过正常时一半的任务。可进行航线规划的无人机系统能够通过选择参数来模拟不同风力、风向时的飞行时间和里程，驾驶员应提前设计，更准确地规划飞行任务。实际工作中只要存在航线的往返，就会遭遇顺风和逆风的情况，驾驶员应该充分考虑到两种情况。

　　无人机飞行抗风能力指标的影响因素，包括动力（航速）、机体和载荷的总质量，以及机身受风面积等。应该在风速不超过无人机设计最高速度 50% 时操作无人机。例如，5 kg 的无人机工作环境风速不应超过 30 km/h（小于 5 级风），更小的无人机多在 3 级或 4 级以下的风力环境中才能正常工作。

　　固定翼无人机机翼上下结构形状不同，空气流过时产生不同的速度，机翼下部低速气流空气压力大、上部高速气流空气压力小，进而形成托举机翼的升力。通常无人机应迎风起飞，获得相对较大的起飞空速，机翼升力增加，更容易克服地球引力；返航时无人机应尽量顺风飞行，使空速较小，升力降低，更容易着陆，同时也加快了作业转场的速度。

　　飞往目标的去程与回程通常是相同航线，总有一个顺风一个逆风的情况。如果有可能，优先选择逆风向的起飞点，即逆风去顺风回，保证返航安全。

也可以利用不同高度层风速不同的自然现象,让去程与回程选择不同的飞行高度。

风矢量(风速和风向)在空中水平和垂直距离上的变化为风切变,对起飞和着陆的飞机影响最大,会导致无人机偏离航线、失稳,驾驶员无法控制。

3. 风力和风向影响无人机作业准确性

风力越大其内部瞬时变化也会越大。图 4-2 中无人机相机的拍摄时间间隔是一样的,但受风力影响飞行速度不一样,即同样的时间、不同的速度,则出现了两次照相(图中绿色相机图标)的间隔距离不相等的情况;风向变化会影响到直线作业的无人机航线产生偏移、竖向颠簸,这些因素最终叠加起来,影响到摄影测量数字化模型的准确性。因此,在较大风力时,建议适当增加摄影测量的影像重叠率设置,并降低飞行高度以保证测量的准确性。

图 4-2 风力影响不等距摄影(彩图)

由于固定翼无人机机载相机一般是固定的,没有可定向操作的云台,因此少部分竖向轴向偏转的机体位置,会造成镜头的倾斜,产生测量误差。

4. 风冷保温和降温

无人机的飞控系统、螺旋桨电机和汽油发动机等,都是靠风进行冷却的(大型无人机也有水冷模式)。较大的风力,在夏季对机载电子设备和发动机会有更好的降温效果,但在冬季,寒风使无人机各个系统的保温效果变差。

4.3 大气现象要素及其影响

4.3.1 降水和雾

降水是指从天空降落到地面的液态或固态水，包括雨、毛毛雨、雪、雨夹雪、霰、冰粒和冰雹等。降水物理量的指标包括降水量和降水强度。降水量是指降到地平面而未蒸发、渗透或流失的水层积聚深度，单位为mm，是表征某地气候干湿状态的重要指标。降水强度是指单位时间内的降水量，常用的单位有 mm/10 mins、mm/h、mm/d。我国气象部门规定：以24 h 为时间单位，总雨量不到 10 mm 的雨为小雨；10.0 ~ 24.9 mm 为中雨；25.0 ~ 49.9 mm 为大雨；50 mm 或 50 mm 以上为暴雨。

4.3.2 云

云是悬浮在大气中的小水滴、冰晶微粒或二者混合物的可见聚合群体，底部不接触地面（如接触地面则为雾），且具有一定的厚度。

图 4-3 卷云（彩图）

在常规气象观测中要测定云状、云高和云量。云量是指云遮蔽天空的份数，将地平以上全部天空划分为 10 份，被云所遮蔽的份数即为云量。例如，碧空无云，云量为 0；天空一半为云所覆盖，则云量为 5。云的分类主要考虑云的高度。国际上将云分为 4 族 10 属，其中直展云族上下分布跨度达几千米或十几千米。在我国，云也分为 3 族 10 属（29 类）（无直展云族）。云以拉丁文来简称。

图 4-4　积雨云（彩图）

表 4-3　云的国际分类

云族	云属	国际简称	云层高度		
			极区 /km	温带地区 /km	热带 /km
高云	卷云	Ci	3~8	5~13	6~18
	卷层云	Cs			
	卷积云	Cc			
中云	高层云	As	3~8	5~13	6~18
	高积云	Ac			
低云	层云	St	云底近地面数百米，高至 2 km 以上		
	层积云	Sc			
	雨层云	Ns	高度属于中云族，但云底常伸展至低云，故习惯分为低云		
直展云	积云	Cu	云底常在低层，但云顶可向上伸展到中高云族所在高度		
	积雨云	Cb			

表4-4 我国对云的一种分类系统

云类	云族	简称	形状	云色	天气情况
高云	卷云	Ci	丝条状、片状、羽毛状、勾状、斑点状	白	晴朗
	卷层云	Cs	丝幕状、有晕	乳白	晴或多云
	卷积云	Cc	细鳞片状、成行成群排列	白	晴，有时阴
中云	高层云	As	均匀成层，如帐幕	灰白	阴，有时小雨
	高积云	Ac	云块较小，如扁圆、瓦块、水波状排列		晴，多云或阴
低云	层云	St	均匀成层，像雾，底不接地	鱼白	晴，有时毛毛雨
	积云	Cu	个体明显，互不相连，底部平坦，顶部凸起如山峰	灰白，浓淡分明	晴，少云或多云
	层积云	Sc	云块较大，呈条状、片状或圆状较松散，成群或波状排列	灰白，深灰	多云或阴，有时小雨
	雨层云	Ns	低，无定形，如幕状灰布高悬，云底因降雨模糊不清	暗灰	连续性雨雪
	积雨云	Cb	浓厚庞大，像高山，顶部模糊，底部阴暗常有碎雨，有雨幡下垂	乌黑	阴，多云，有阵雨大风雷电，时生冰雹、龙卷风

4.3.3 雷电

雷电一般产生于对流发展旺盛的积雨云中，云层中有大量的冰晶和水滴，在运动中产生正负电荷。电荷的分布杂乱，但总体呈现云的上部以正电荷为主，下部以负电荷为主，从而在上、下部之间形成电位差。当电位差达到一定程度后，就会产生放电，这就是常见的闪电现象。闪电的平均电流 3×10^4 A，最大电流可达 3×10^5 A。放电过程中，由于闪电通道中温度骤增，使空气体积急剧膨胀，从而产生冲击波，导致强烈的雷鸣。带有电荷的雷云与地面的突起物接近时，它们之间也会由于电位差而发生放电，释放高能量的光和声音，即形成闪电和雷鸣，具有狂暴的力量。

4.3.4 雨云雷电对无人机的影响

无人机的机电部分多数是不防水的，在饱和水汽的浓云和雾中甚至在雨中飞行，机身内的水会引起电路短路，造成飞机坠毁。

云和弥漫的大雾会影响作业人员对无人机飞行的观察视距，也会令航拍影像模糊不清甚至于变形，无法还原被拍摄地表或物体的状况。

积雨云上部可高达数千至万米，但底部可低至近地面 200~500 m，这是大部分航测固定翼和旋翼无人机的工作高度。云中大气条件复杂，水汽、电荷充沛，对流运动剧烈，这种环境中无人机和无线电链路甚至可能会引来雷电。所以，在温度聚变、雨雾、低云天气时，出于安全考虑无人机应该停止作业。

4.4 大气影响要素

4.4.1 蒸发

蒸发在气象上是指水由液态变成气态的过程。在一定时段内，水由液态变成气态的量称为蒸发量，常用蒸发掉的水层深度表示，单位为 mm。通常温度越高、空气越干燥、风速越大、气压越低，蒸发越强。

4.4.2 辐射

地球所接受的太阳辐射是地球大气运动的主要能量源泉，也是地球光热能的主要来源。在地面气象观测中，通常测量的是：① 总辐射，即指水平面接受的、来自 2π 立体角范围内的直接太阳辐射与天空散射辐射之和。气象上还有其他几种辐射，包括：② 太阳辐射又称短波辐射、日射，太阳辐射的常用单位为 W/m^2；③ 地球辐射也称热红外辐射，是由地球（包括地面和大气）放射的电磁辐射；④ 地表辐射也称地面辐射，是由地球表面放射的辐射；⑤ 大气辐射也称长波辐射，大气发射的能量主要集中在 4~120 μm 波长范围内的辐射；⑥ 全辐射指太阳辐射与地球辐射之和；⑦ 直接辐射是来自辐射源方向的未经散射和反射的辐射，如太阳直接辐射；⑧ 天空辐射也称天空散射辐射，是来自整个天空半球的向下散射和反射的太阳辐射；⑨ 反射的太阳辐射（主要是短波辐射）；⑩ 净辐射，等等。

4.4.3 日照

日照是表示太阳照射时间的量，有可照时间和实照时间两种，分别以可照时数和实照时数表示，均以 h 为单位。可照时数是一天内可能的太阳光照时数，即一天内太阳中心从东方地平线升起，直到进入西方地平线之下的全部时间，完全由该地的纬度和日期决定。实照时数（即日照时数）是太阳直射光线不受地物障碍、云、雾、烟、尘遮蔽时实际照射地面的时数（由纬度、日期、天气、地形等所决定），可用日照计测定。日照百分率（实照时数与可照时数的百分比）可用来比较不同季节不同纬度的日照情况。

强日照中的紫外线不仅会使无人机的塑料部件加速老化，过度的日晒还会使无人机局部热胀，产生变形，影响连接等性能，给飞行造成危险。

飞 行 训 练

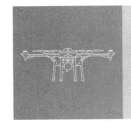

5 模拟器上的训练

模拟器是帮助学习者培养正确操作无人机的打舵方向和打舵时机的计算机模拟软件[①]。通过模拟器的练习,能够节约学习驾驶的时间和成本。

5.1 悬停训练

【学习目标】

1. 能够完成单通道的四个位置的悬停。
2. 能够完成带油门通道的八位悬停。

【建议学时】

72 学时。

5.1.1 认识摇杆的作用

【学习目标】

1. 根据摇杆的运动,能够准确说出四个舵面的名称。
2. 根据屏幕上飞机的移动,能够准确说出是哪根摇杆朝哪个方向运动。

【建议学时】

1 学时。

---

① 本书以凤凰模拟器为例进行讲解。

【教具准备】

模型飞机 1 架。

【学习过程】

① 四个舵的含义：

● 副翼控制飞行器的左右平移，机头不偏转，飞行器绕自身纵轴旋转。

● 升降舵控制飞行器的前后平移，飞行器绕自身横轴旋转。

● 油门舵控制飞行器的上下平移，飞行器离地的高度发生变化。

● 方向舵控制飞行器的偏航旋转，飞行器绕自身立轴旋转。

② 升降、方向舵的操作与驾驶汽车的哪个操作类似？哪几个舵的功能是汽车所不具备的？

● 升降舵控制类似汽车的前进、后退。

● 方向舵控制类似汽车的方向盘。

③ 日本手（model1）和美国手（model2）的区别：

● 日本手的特点是控制飞行器姿态的两个舵——升降舵和副翼分别由左手和右手控制，右手控制油门舵，左手控制方向舵。

● 美国手的特点是控制飞行器姿态的两个舵面——升降舵和副翼统一由右手控制，油门舵和方向舵由左手控制。

④ 四个舵分别对应的摇杆：

● 美国手：副翼 J1 摇杆，升降舵 J2 摇杆，油门舵 J3 摇杆，方向舵 J4 摇杆。

● 日本手：副翼 J1 摇杆，升降舵 J3 摇杆，油门舵 J2 摇杆，方向舵 J4 摇杆。

⑤ 通道的顺序：

副翼第 1 通道，升降舵第 2 通道，方向舵第 4 通道，油门舵第 3 通道，螺距（无人直升机）第 6 通道。

⑥ 分别写出图 5-1—图 5-4 所示的分别是哪种运动？由哪个舵控制？

a.

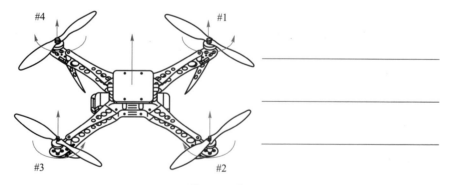

图 5-1　图例 1

b.

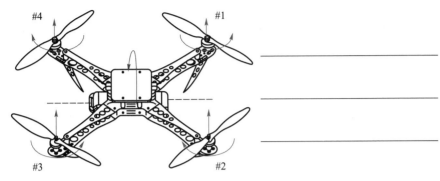

图 5-2 图例 2

c.

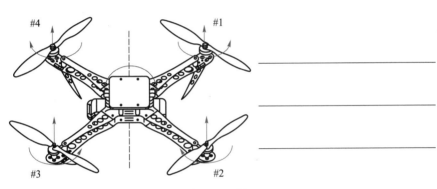

图 5-3 图例 3

d.

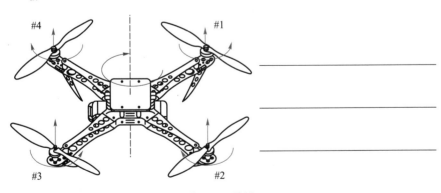

图 5-4 图例 4

答案提示：a.上下运动，油门舵控制；b.前后运动，升降舵控制；c.左右运动，副翼控制；d.偏航运动，方向舵控制。

5.1.2 八位悬停的含义

【学习目标】

1. 熟悉八位悬停的基本含义。

2. 理解同一个姿态的无人机在操作者不同位置时会发生的转换。

3. 在飞行一个完整的 8 字航线过程中，简述飞机姿态在各个点的变化过程。

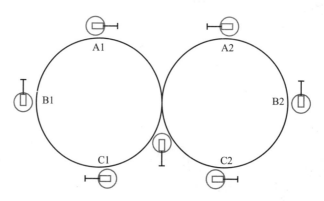

图 5-5　8 字航线示意图

【建议学时】

1 学时。

【教具准备】

模型飞机 1 架、模拟器、计算机。

【学习过程】

① 用模型飞机分别演示如图 5-6 所示的对尾、对头、左右侧位悬停的姿态。

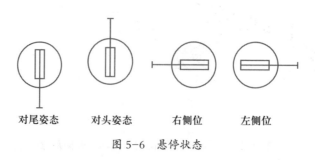

图 5-6　悬停状态

② 用模型飞机分别演示如图 5-7 所示的 45° 悬停的四种姿态。

对尾右45°姿态　　对尾左45°姿态　　对头左45°姿态　　对头右45°姿态

图 5-7　45° 悬停状态

小提示：每个姿态均是以机头的位置来判断的。

③ 如图 5-8 所示，当飞机以机头向右的姿态从左向右飞行的过程中，简述在 1、2、3、4、5 的位置相对于操作者姿态的变化过程。

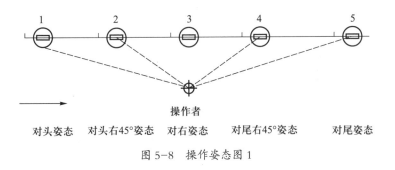

操作者

对头姿态　　对头右45°姿态　　对右姿态　　对尾右45°姿态　　对尾姿态

图 5-8　操作姿态图 1

小提示：当飞机在左侧远端的时候，操作者看到的多是机头的部分，而机身的侧面看到的很少，可以把此刻的姿态理解为对头姿态。当飞机保持同一姿态慢慢向操作者靠近的过程中，机身侧面看到的部分越来越多，机身相对于操作者也慢慢地转变成为侧面姿态。这就是飞机和操作者位置的变化关系，即使飞机的姿态没有发生变化，但是相对于操作者来说，飞机姿态永远处在一个动态变化的过程中。

④ 如图 5-9 所示，当飞机以对头姿态从左侧向右侧平移飞行过程中，简述相对于操作者飞机姿态的变化过程。

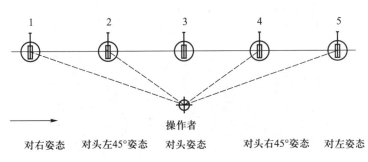

操作者

对右姿态　　对头左45°姿态　　对头姿态　　对头右45°姿态　　对左姿态

图 5-9　操作姿态图 2

小提示：任何一种姿态都不是孤立的，它会一直处于转换的过程中，所以对于姿态的转换要随时进行判断。

5.1.3　模拟器单通道练习

【学习目标】

1. 在每个单通道，能够把飞机停在此通道运动方向的任何点。

2. 以副翼通道为例，能够将飞机稳定地停留在如图 5-10 所示的 1、2、3、4、5 位置点；在升降舵（俯仰）通道也能够将飞机稳定地停留在 1、2、3、4、5 点位上。

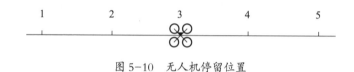

图 5-10　无人机停留位置

【建议学时】

8 学时。

【教具准备】

模拟器、计算机。

【学习过程】

进入模拟器悬停训练的单通道模式，多旋翼无人机的模拟速度保持缺省值为 100。

1. 副翼单通道练习

① 如图 5-11 所示，无人机处于副翼对尾悬停姿态，飞机向左运动，副翼应向右修舵；飞机向右运动，副翼应向左修舵。

图 5-11　对尾悬停姿态（彩图）

② 如图 5-12 所示，无人机处于副翼对头悬停姿态，飞机向右运动，副翼应向右修舵；飞机向左运动，副翼应向左修舵。

图 5-12　对头悬停姿态（彩图）

③ 如图 5-13 所示，无人机在对左悬停姿态模式下，飞机远离操作者而去，副翼应向左侧修舵；飞机靠近操作者而来，副翼应向右侧修舵。

图 5-13　对左悬停姿态（彩图）

④ 如图 5-14 所示，无人机在对右悬停姿态模式下，飞机远离操作者而去，副翼应向右侧修舵；飞机靠近操作者而来，副翼应向左侧修舵。

图 5-14　对右悬停姿态（彩图）

2. 升降舵单通道练习

① 如图 5-15 所示，无人机处于仅升降舵对尾悬停姿态模式下，飞机向前运动，应向后拉舵；飞机向后运动，应向前推舵。

图 5-15　对尾悬停状态（彩图）

② 如图 5-16 所示，无人机处于仅升降舵对头悬停姿态模式下，飞机远离操作者而去，应向前推舵；飞机靠近操作者而来，应向后拉舵。

图 5-16　对头悬停姿态（彩图）

③ 如图 5-17 所示，无人机处于仅升降舵对左悬停姿态模式下，飞机向左运动，应向后拉舵；飞机向右运动，应向前推舵。

④ 如图 5-18 所示，无人机处在仅升降舵对右悬停姿态模式下，飞机向左运动，应向前推舵；飞机向右运动，应向后拉升降舵。

小提示：

1. 无人机在对尾姿态下，副翼的修正方向与飞机运动方向相反；对头姿态下，副翼的修正方向与飞机漂移方向相同。

2. 不管无人机在什么状态，推升降舵，飞机低头；拉升降舵，飞机仰头。

模拟器单通道练习是无人机驾驶操作的第一步，练习过程中要用心体会操作的两大原则：细腻和提前。

3. 飞行中一旦出现飞机偏离中心位置的状况，操作者不要紧急操作把飞机拉回来，而是无人机偏到哪先在哪稳定住无人机，之后再慢慢将无人机拉回来。

4. 当驾驶员眼睛看见飞机姿态发生变化之后再修舵往往为时已晚，相信自己对飞机姿态的判断，在飞机姿态发生变化前修舵才是正好的时机。

图 5-17　对左悬停姿态（彩图）

图 5-18　对右悬停姿态（彩图）

5.1.4　模拟器双通道练习

【学习目标】

1. 能够在双通道下操作飞机缓慢地进行米字平移，A—A1、B—B1、C—C1、D—D1，如图 5-19 所示。

2. 能够在其他三种姿态下完成无人机平移控制。

3. 体会操作的两大原则：细腻和提前。

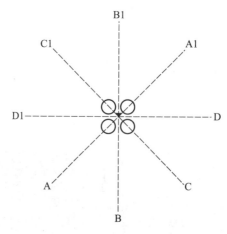

图 5-19　米字示意图

【建议学时】

20 学时。

【教具准备】

模拟器、计算机。

【学习过程】

① 进入悬停模式的双通道训练。

② 保持对尾姿态，操作飞机在如图 5-19 所示的中心点保持悬停。

③ 保持对尾姿态，操作飞机在 A、B、C、D 点保持悬停。体会飞机不在正前方悬停时（A、C、D 点）操作有什么不同。

_____

_____

_____

④ 保持对尾姿态，操作飞机在如图 5-19 所示的 A1、B1、C1、D1 点保持悬停。

⑤ 保持对尾姿态，操作无人机从 A 点缓慢移向 A1 点，移动过程中体会打舵的先后顺序，写出操作的感受。

_____

_____

_____

⑥ 保持对尾姿态，操作无人机完成 B—B1、C—C1、D—D1 的移动，并写出平移的修舵感受和悬停的修舵感受不同之处。

_____

_____

_____

⑦ 保持对头悬停模式，操作无人机完成第①、②、③、④、⑤、⑥项。
⑧ 保持机头对左悬停模式，操作无人机完成第①、②、③、④、⑤、⑥项。
⑨ 保持机头对右悬停模式，操作无人机完成第①、②、③、④、⑤、⑥项。

小提示：在某种姿态下，只有把飞机能够前后左右熟练平移了，这个姿态的练习才能完全过关。

5.1.5 带油门通道的悬停练习

【学习目标】

能够在所有通道情况下，如图 5-20 所示把飞机悬停在黄圈内，时间保持 10 s 以上，高度 2 m（旗杆高度）。

图 5-20 悬停示意图（彩图）

【建议学时】

6 学时。

【教具准备】

模拟器、计算机。

【学习过程】

① 保持如图 5-21 所示对尾悬停姿态，操作飞机在 A、B、C、D 四点保持悬停。

● 飞机在悬停时，根据无人机处于的不同位置可以分为四个等级：在 A 点悬停时，可以判定为优；在 B 点悬停时，可以判定为良；在 C 点悬停时，可以判定为合格；在 D 点悬停时，判定为不合格。

● 飞机在对尾悬停训练时，首先学习油门舵的使用，让飞机平稳地爬升到一定高度悬停，在这个过程中控制油门是基础。

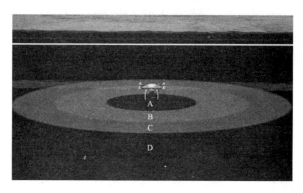

图 5-21　对尾姿态（彩图）

● 在飞机起飞以后，操作无人机在三维空间内的任一方向移动，这时应结合升降杆和副翼杆，把飞机悬停到要求的位置。

● 在操作飞机悬停在 A 点的过程中，要眼睛和手配合操作，每当看到飞机即将要飘走之前就将其拉回来，平稳而迅速地完成这个操控动作。

● 飞机对尾悬停中，前后、左右运动和操作者所处的环境动态是一样的，所以对尾悬停是最容易的一个姿态。

② 保持如图 5-22 所示对头悬停姿态，操作飞机在 A、B、C、D 四点保持悬停。

● 在对尾悬停训练学习完毕后进行对头悬停的练习，对头悬停的练习是基于对尾悬停的练习。

● 首先将飞机对尾悬停平稳以后，旋转 180° 得到的就是对头姿态。

在这个旋转过程中，要注意飞机的平稳，不要让飞机出现大的姿态角，以免伤到自己。

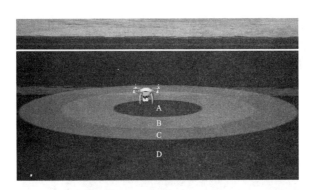

图 5-22 对头姿态（彩图）

● 升降杆和副翼杆都是反向的，即飞机的运动方向是哪边就打哪个舵。这个规律很重要，当飞机出现向左飘动的趋势时，一定迅速压左副翼抑制飞机的这种往左的运动趋势。当飞机有朝自己往后运动的趋势时，一定迅速地往后拉升降舵抑制飞机的这种往后运动趋势。

● 在练习对头悬停的练习过程中，最容易出现的错误是无人机对头姿态时推升降杆，这时飞机将冲向操作者。

③ 保持如图 5-23 所示对右悬停姿态，操作飞机在 A、B、C、D 点位保持悬停。

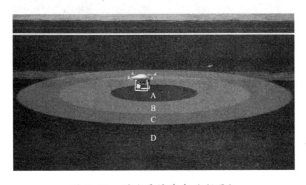

图 5-23 对右悬停姿态（彩图）

● 飞机对右悬停的练习基于对尾悬停，将飞机在对尾悬停姿态停稳后，顺时针旋转 90° 得到对右悬停姿态。

● 在对右悬停的练习过程中，特别要注意错舵的问题。在对右悬停训练开始时，操作者会产生分不清前后的现象，这时驾驶员可先微微侧身，将身体朝向机头的方向，即有微微对尾的感觉，来帮助操作者迅速判断打舵的方向。

④ 保持如图5-24所示对左悬停姿态，操作飞机在A、B、C、D四点保持悬停。

● 飞机的对左悬停训练是基于对尾悬停的，将飞机在对尾悬停姿态停稳，逆时针旋转90°得到对左悬停姿态。

● 无人机对左悬停的练习可以参照对右悬停的方法进行。

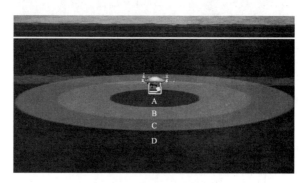

图5-24　对左悬停姿态（彩图）

⑤ 保持如图5-25所示对尾左45°悬停姿态，操作飞机在A、B、C、D点位保持悬停。

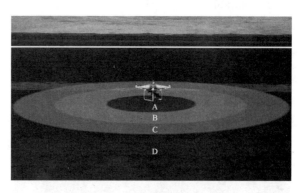

图5-25　对尾左45°姿态（彩图）

● 飞机的对尾左45°悬停姿态是在对尾悬停的基础上，操作无人机按逆时针方向旋转45°得到对尾左45°悬停姿态。

● 这个过程是飞机偏移的过程，要注意升降舵和副翼相互配合，将飞机悬停到A点。

● 对尾左45°悬停一般是以对尾悬停的方式修舵，不要出现错舵，无人机对尾左45°悬停可能需要同时修正两个舵面才能悬停到理想的位置，而单纯的对尾悬停每次仅仅修正单个舵面就可以到达理想的位置。

⑥ 如图 5-26 所示对尾右 45° 悬停姿态，飞机在 A、B、C、D 点位保持悬停。

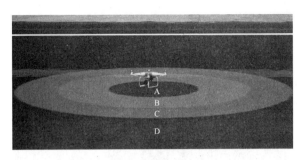

图 5-26 对尾右 45° 姿态（彩图）

● 飞机的对尾右 45° 悬停姿态是在对尾悬停的基础上，操作无人机按顺时针方向旋转 45°，即完成对尾右 45° 姿态悬停。

● 在飞机偏移的旋转过程中，升降舵和副翼要相互配合完成，使飞机悬停到 A 点。

● 无人机对尾右 45° 悬停姿态练习可以参照对尾左 45° 悬停的方式进行，同样注意培养操作者同时感受两个舵的运动趋势来迅速修正无人机姿态的能力，这会比单纯四位悬停的无人机姿态修正要求更提高一步。

⑦ 保持如图 5-27 所示对头右 45° 悬停姿态，操作飞机在 A、B、C、D 点位保持悬停。

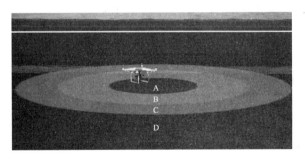

图 5-27 对头右 45° 姿态（彩图）

● 飞机的对头右 45° 悬停姿态是在对头悬停姿态的基础上，操作无人机按逆时针方向旋转 45° 到达对头右 45° 悬停姿态。

● 无人机对头右 45° 悬停姿态相对于对尾右 45° 悬停难度更大些，以对头悬停作为基础，在飞机偏移的过程中，以对头悬停姿态的方式进行修舵，不会出现错舵的情况，在 A 点保持悬停。对于美国手的操作者，可以尝试斜向打舵以同时控制升降舵和副翼，打杆的方向跟飞机的运动趋势一致。

对于日本手的操作者，需要双手同时协调。

⑧ 保持如图 5-28 所示对头左 45° 悬停姿态，操作飞机在 A、B、C、D 点位保持悬停。

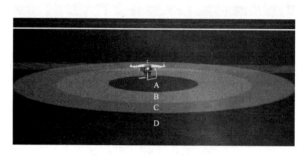

图 5-28　对头左 45° 姿态（彩图）

● 飞机的对头左 45° 悬停姿态是在对头悬停的基础上，操作无人机按顺时针方向旋转 45°，完成对头左 45° 悬停姿态。

● 无人机对头左 45° 悬停相对对尾左 45° 悬停要求更高，可以参照对头右 45° 悬停的方式练习，左右 45° 悬停必须达到同样的熟练程度。

【课后思考】

1. 理解油门舵控制与副翼、升降舵操作的差异性。

2. 把飞机的漂移控制在如图 5-20 所示的方框范围内，思考一下在双通道的时候能把飞机稳定地控制在一个点附近，为什么加入油门舵和方向舵之后，飞机却控制不住了。

3. 把飞机的漂移控制在如图 5-20 所示的最外层圆圈范围内，会发现油门舵和副翼、升降舵控制方法的共通点是 _____，都需要 _____。

4. 试着回想一下为了保持飞机的等高度，你有多少注意力关注在油门舵上？有多少注意力关注在其他舵上？

小提示：由于加入了油门通道和方向通道，单通道练习时建立起来的协调打舵感觉会被打破，需要重新练习四个舵的协调能力。

5.1.6　直向平移练习

【学习目标】

1. 能够将飞机在对尾姿态沿如图 5-29 所示 A—B—C—D—A 路线进行匀速飞行。

2. 操作无人机在其他三种 90° 姿态同样完成如图 5-29 所示的轨迹运动。

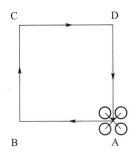

图 5-29　飞行路线图

【建议学时】

8 学时。

【教具准备】

模拟器、计算机。

【学习过程】

① 操作无人机在如图 5-30 所示 A—B 两点间进行横向直线平移飞行。

图 5-30　直线飞行路线 1

● 在模拟器的场景中选择 F3C 方框场地。

● 手动起飞，将飞机在 A 点悬停。

● 无人机悬停在 A 点保持飞行高度 2 m 不变，时间 10 s。

● 控制无人机在 A 点悬停的同时，操作者观察 B 点的位置（将飞机从 A 点移动到 B 点，保持匀速和缓慢移动很重要，此时控制速度的是副翼）。

● 再将飞机匀速飞到 B 点悬停，这个过程保持飞行高度，控制飞机的速度（副翼），用升降舵控制直线飞行轨迹的精确。

● 无人机到 B 点悬停，高度 2 m，悬停时间 10 s。

● 无人机横向平移考核的是操作者对主要舵和次要舵协调控制的能力，如果轨迹不够直，需要反复练习这条轨迹。

② 如图 5-31 所示路线，操作无人机在 B—C 两点间进行竖向平移。

● 控制无人机在 B 点悬停的同时，操作者观察 C 点的位置。

● 将飞机匀速飞到 C 点悬停，飞行过程注意保持飞行高度，控制飞机的速度（升降舵），同时用副翼控制直线飞行轨迹的精确。

● 飞机到达 C 点后悬停，高度 2 m，悬停时间 10 s。

图 5-31　直线飞行路线 2

③ 如图 5-32 所示路线，无人机在 C—D 两点间进行横向平移。

图 5-32　直线飞行路线 3

● 控制无人机在 C 点悬停的过程中，操作者观察 D 点的位置。

● 将飞机匀速飞到 D 点悬停，飞行过程保持飞行高度，控制好飞机的速度（副翼），使用升降舵控制直线轨迹的精确。

● 飞机到达 D 点悬停，高度 2 m，悬停时间 10 s。

④ 如图 5-33 所示路线，无人机在 D—A 两点间进行竖向平移飞行。

图 5-33　直线飞行路线 4

● 控制无人机在 D 点悬停的过程中，操作者观察 A 点的位置。

● 将飞机匀速飞到 A 点悬停，飞行中保持飞行高度，控制好飞机的速度（升降舵）。

● 飞机在 A 点悬停，高度 2 m，悬停时间 10 s。

● 将飞机从 D 点飞回到 A 点的时候要注意速度，减速慢行，在回到 A 点后悬停。

● 无人机竖向平移考核的是操作者对主要舵和次要舵的协调控制能力，如果飞行轨迹不够直，需要反复练习。

小提示：飞机进行直线运动时，可以先压住主要方向舵，随时调整另一个辅助舵保持直线运动的精确。

【课后思考】

1. 继续用其他三种 90°姿态分段完成 A—B、B—C、C—D、D—A 直线间的移动，飞行中高度、速度保持恒定的参数，每到一个点保持悬停 10 s。其中 B—C 段，升降舵和副翼的控制方式有什么不同？

2. 试着保持每个点停顿 3 s 的连续移动。练习的最终结果是在无人机移动过程中，能随时停留在某点，又能随时起动。

3. 当无人机飞行过程中油门舵的掌控和悬停训练中有什么不同？

4. 飞行过程中日本手与美国手（欧洲手、中国手）各个舵之间的配合应注意什么？

答案提示：2. 如果无人机是 90°姿态平移飞行，控制速度的是一个舵，控制轨迹精确的是另一个舵。如果无人机是进行 45°姿态平移，需要两个舵同时控制速度和轨迹的精确，不分主次。两种情况的相同点是通过随时调整油门舵来控制飞行高度的一致。4. 油门舵调整的频率比悬停时候要高很多。

5.1.7　斜向平移练习

【学习目标】

1. 能够操作飞机在对尾姿态沿如图 5-34 所示 A—B—C—D—A 路线进行匀速飞行。

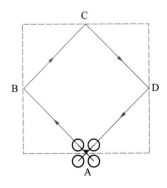

图 5-34　飞行路线

2. 在其他三种 90°姿态下完成同样轨迹的运动。

3. 体会斜向打舵的细腻和提前的感觉。

【建议学时】

8 学时。

【教具准备】

模拟器、计算机。

【学习过程】

① 如图 5-35 所示路线，操作无人机进行 A—B 间斜向平移。

● 手动起飞，将飞机在 A 点悬停。

● 无人机悬停在 A 点，保持飞行高度 2 m，时间 10 s。

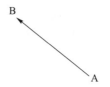

图 5-35　飞行路线图

● 控制无人机在 A 点悬停的过程中，操作者观察 B 点的位置。

● 再将飞机匀速飞到 B 点悬停，飞行中保持飞行高度，控制好飞机的速度（升降舵与副翼）。

● 将飞机悬停在 B 点，保持无人机高度 2 m，时间 10 s。

● 无人机斜向平移考核的是飞行过程中飞行轨迹的精准（副翼和升降舵的协调精准，以及打舵的能力）、高度的统一（油门舵的快速修正能力）。

② 操作无人机沿如图 5-36 所示路线进行 B—C 间斜向平移飞行。

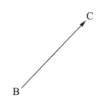

图 5-36　飞行路线图

● 控制无人机在 B 点悬停的过程中，操作者观察 C 点的位置。

● 再将飞机匀速飞到 C 点悬停，这个过程中保持飞行高度，控制好飞机的速度（升降舵和副翼）。

● 将飞机悬停在 C 点，保持飞行高度 2 m，时间 10 s。

③ 操作无人机沿如图 5-37 所示路线进行 C—D 间斜向平移飞行。

● 控制无人机在 C 点悬停的过程中，操作者同时观察 D 点的位置。

● 将飞机匀速飞到 D 点悬停，飞行中保持飞行高度，控制好飞机的速度（升降舵和副翼）。

● 将飞机悬停在 D 点，保持飞行高度 2 m，时间 10 s。

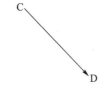

图 5-37 飞行路线图

④ 操作无人机沿如图 5-38 所示路线进行 D—A 间斜向平移飞行。

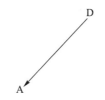

图 5-38 飞行路线图

● 控制无人机在 D 点悬停的过程中，操作者同时观察 A 点的位置。

● 再将飞机匀速飞到 A 点悬停，飞行中保持飞行高度，控制好飞机的速度（升降舵与副翼）。

● 将飞机悬停在 A 点，保持飞行高度 2 m，时间 10 s。

小提示：

1. 飞机的斜向运动需要副翼和升降舵同时打杆，而不是一前一后。

2. 在飞向某点的过程中，操作者要用眼睛余光始终盯着目标点，这样才能始终保持运动轨迹的方向正确。

【课后思考】

1. 改变无人机的初始姿态，重复以上如图 5-34 所示的轨迹运动，体会两个方向同时打舵的感觉。

2. 描述斜向移动和正向移动打舵的差异。

3. 在完成以上任务后，你对油门舵的关注度有多少？

4. 在完成这个航线的飞行练习后，有什么感想体会？

5.1.8 45° 平移练习

【学习目标】

能够操作飞机以对头（尾）45° 姿态沿如图 5-39 所示 A—A1、B—B1

路线进行平移。

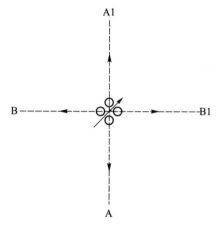

图 5-39 45°姿态平移飞行路线图

【建议学时】

8 学时。

【教具准备】

模拟器、计算机。

【学习过程】

① 操作无人机沿如图 5-40 所示路线进行 A—A1 间往返飞行。

图 5-40 飞行路线图

● 首先将飞机以对尾的姿态悬停,然后顺时针旋转45°(逆时针)即可。

● 将飞机以对尾45°的姿态悬停在中心点,保持飞行高度 2 m,时间10 s。

● 操作无人机沿纵向上下平移,由中心点平移到 A1 点。

● 在这个过程中要注意飞机不要偏离纵向线,要注意推升降舵和压副翼,使飞机到达 A1 点悬停。

● 将飞机由 A1 到中心点再到 A 点进行平移。

● 考核重点是操作者能否提前观察目标点，提前观察目标点时操作者会更加主动地控制飞机，而不是被动地修正无人机的姿态。

② 操作无人机沿如图 5-41 所示路线进行 B—B1 间往返飞行。

$$B \longleftrightarrow B1$$

图 5-41　飞行路线图

● 首先将飞机以对尾姿态悬停，然后顺时针旋转 45°（逆时针）即可。

● 将飞机以对尾 45° 的姿态悬停在中心点，保持飞行高度 2 m，时间 10 s。

● 操作无人机沿横轴左右平移，由中心点平移到 B1 点。

● 在这个过程中飞机容易偏离纵向线，这就要求操作者注意推升降舵和压副翼，使飞机到达 B1 点悬停。

● 操作飞机由 B1 到中心点再到 B 点进行平移。

● 平移轨迹飞得直不直与操作者的观察方式有很大关系，从这节开始慢慢地加入飞行观察方式的能力训练。

小提示：

1. 飞行的轨迹精确与否不是靠眼睛盯着航迹获得的，那样只能发现错误及时弥补，无人机是处在被动修正错误的状态。如果能够提早观察下一个目标点，操作者做到心中有航线，就能主动操控飞机前往目标方向，从而避免手忙脚乱的情况发生。

2. 飞机的 45° 姿态做直线运动也需要副翼与升降舵同时协调打舵。

【课后思考】

1. 重新温习第 5.1.6 节的练习，看看自己对飞机的控制能力是否增强了，是否能够随时悬停无人机，又随时起动无人机了？

2. 当机头朝向 45° 时你是依靠什么作为参考的？怎么才能判断机头方位的准确性？

3. 机头朝向 45° 时与机头朝向 90°（对尾）姿态在飞行中操作有什么区别？

5.1.9　四位悬停练习

【学习目标】

能够操作飞机在中心黄圈内进行四位悬停，每个位置停留 1 s，高度 2 m。

【建议学时】

6 学时。

【教具准备】

模拟器、计算机。

【学习过程】

● 如图 5-42 所示操作无人机对尾姿态起飞。

图 5-42　对尾起飞（彩图）

● 将飞机以对尾姿态在中心黄圈内悬停，高度 2 m 保持时间 10 s。

● 将飞机按照逆时针方向旋转 90°，平稳地旋转不要出现大姿态角。

● 如图 5-43 所示，机头向左悬停在中心黄圈内，高度 2 m，保持 10 s，飞行过程中注意修左副翼。

图 5-43　对左姿态（彩图）

● 继续操作飞机按逆时针方向旋转 90°。

● 如图 5-44 所示，以对头姿态悬停在中心黄圈内，高度 2 m，保持 10 s，飞行过程中注意推升降舵。

图 5-44 对头姿态（彩图）

● 继续操作无人机按逆时针方向旋转 90°。

● 如图 5-45 所示机头向右姿态悬停在中心黄圈内，高度 2 m，保持 10 s，飞行过程中注意修正右副翼。

图 5-45 对右姿态（彩图）

● 继续操作飞机按逆时针方向旋转 90°，无人机以对尾姿态悬停，即完成四位悬停。

● 重复以上步骤，把无人机停留时间缩短到 5 s。5 s 时间一到，**转换到下一个姿态**，此时如果无人机出现漂移，需要在漂移过程中边修正边转换姿态。继续重复以上步骤，把停留时间缩短到 1 s。

● 继续重复以上步骤，练习无人机按顺时针方式旋转的四位悬停。

● 训练四个姿态的熟练程度，即短时间内能迅速地由一个姿态转换到另一个姿态。

小提示：重点练习四个姿态的快速转换能力。练习的关键是按时间来控制转换姿态，规定的时间一到必须转换姿态，可以借用计时器完成练习。

【课后思考】

1. 你是怎么观察飞机转向过程中各种姿态变换的？
2. 在任务进行过程中突然出现大姿态转变，你是怎么应对处理的？

5.1.10　八位悬停练习

【学习目标】

能够操作无人机在中心黄圈内进行八位悬停，每个位置停留 1 s，高度 2 m。

【建议学时】

6 学时。

【教具准备】

模拟器、计算机。

【学习过程】

● 操作无人机以如图 5-46 所示的对尾姿态起飞。

图 5-46　对尾姿态起飞

● 将飞机以对尾姿态悬停在中心黄圈内，保持高度 2 m、时间 10 s。
● 操作无人机按照逆时针方向旋转 45°，如图 5-47 所示对尾左 45° 姿态悬停在中心黄圈内，保持高度 2 m、时间 10 s。
● 操作无人机按照逆时针方向继续旋转 45°，如图 5-48 所示对左姿态悬停在中心黄圈内，保持高度 2 m、时间 10 s，飞行过程中注意修正左副翼。
● 操作无人机按照逆时针方向再旋转 45°，如图 5-49 所示对头左 45° 姿态悬停在中心黄圈内，保持高度 2 m、时间 10 s。

图 5-47 对尾左 45° 姿态（彩图）

图 5-48 对左姿态（彩图）

图 5-49 对头左 45° 姿态（彩图）

● 操作无人机按照逆时针方向旋转 45°，如图 5-50 所示对头姿态悬停在中心黄圈内，保持高度 2 m、时间 10 s，飞行过程中注意推升降舵。

● 操作飞机按照逆时针方向旋转 45°，如图 5-51 所示对头右 45° 姿态悬停在中心黄圈内，保持高度 2 m、时间 10 s。

● 操作无人机按照逆时针方向继续旋转 45°，如图 5-52 所示对右姿态悬停在中心黄圈内，保持高度 2 m、时间 10 s，飞行中注意修正右副翼。

图 5-50 对头姿态（彩图）

图 5-51 对头右 45° 姿态（彩图）

图 5-52 对右姿态（彩图）

● 操作无人机按照逆时针方向旋转 45°，如图 5-53 所示对尾右 45° 姿态悬停在中心黄圈内，保持高度 2 m、时间 10 s。

● 操作无人机按照逆时针方向旋转 45°，如图 5-54 所示对尾姿态悬停在中心黄圈内，保持无人机高度 2 m、时间 10 s。

● 当飞机重新回到对尾状态，结束一个八位悬停训练过程。

图 5-53　对尾右 45° 姿态（彩图）

● 重复以上步骤，把停留时间缩短到 5 s。

● 按照以上步骤，完成无人机按顺时针方向旋转的八位悬停练习，并将停留时间缩短到 1 s。

● 考核八个姿态转换悬停的熟练程度，短时间内能迅速地由一个姿态转换到另一个姿态。

图 5-54　对尾姿态（彩图）

小提示：

1. 重点练习八个姿态的快速转换能力。

2. 航线是由若干个悬停组成的，在悬停基本功练习扎实的前提下，可以把若干位置的悬停连贯起来，形成慢速的各种航线飞行。

【课后思考】

1. 各个姿态转变中你是怎么总结简化的？

2. 每一个角度的高度是怎样变化的？你是如何在转变角度中操作油门舵的？

3. 你认为八位悬停动作与四位悬停动作中，应注意和重点关注的有什么不同?

4.四位悬停对飞行八位悬停的帮助是什么?

5.2 模拟器上8字飞行技能训练

【学习目标】

能够完成8字慢速航线的飞行。

【建议学时】

90学时。

5.2.1 米字平移练习

【学习目标】

能够操作无人机完成沿 A—A1、B—B1、C—C1 线路平移,如图 5-55 所示。其中 A—A1 段飞机姿态是对左平移,B—B1 段是对右平移,C—C1 段是对头平移,每段平移都需要经过中心点 O,在每个端点处需要保持悬停 5 s。

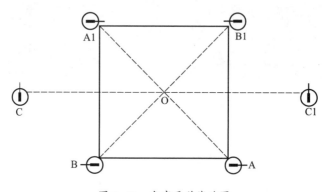

图 5-55 米字平移线路图

【建议学时】

6学时。

【教具准备】

模拟器、计算机。

【学习过程】

1. 选择合适的训练场地

打开模拟器选择场地布局后单击 F3C 方框，出现如图 5-56 所示场地。

图 5-56　训练场地（彩图）

2. A—A1 段悬停移动协调训练

① 左半边悬停移动训练，如图 5-57 所示。

图 5-57　左侧悬停移动训练（彩图）

● 飞机在中心点保持对尾姿态悬停 1 min。
● 操作无人机逆时针方向原地旋转 90° 至左侧位悬停 1 min。
● 向右操作副翼，使飞机向远处飞行。
● 在飞机向远处移动的同时向前推升降舵，使飞机向左移动。
● 协调升降舵和副翼，使飞机匀速向左上方移动。
● 移动飞机到 A1 点悬停 1 min。

● 向左操作副翼，使飞机向近处移动。
● 在飞机向近处移动的同时，向后拉升降舵，使飞机向右移动。
● 协调飞机升降舵和副翼，使飞机匀速向 A1 点右下方移动。
● 移动飞机至中心点悬停 1 min。
② 右半边悬停移动协调训练，如图 5-58 所示。

图 5-58　右侧悬停移动训练（彩图）

● 飞机在中心点保持左侧位悬停 1 min。
● 向后拉升降舵，使飞机向后移动。
● 在飞机向后方移动的同时，向右操作副翼，使飞机向近处移动。
● 协调升降舵和副翼，使飞机匀速向中心点右下方移动。
● 移动飞机到 A 点悬停 1 min。
● 向右操作副翼，使飞机向远处运动。
● 在飞机向远处运动的同时，向前推升降舵，使飞机向前运动。
● 协调升降舵和副翼，使飞机匀速向 A 点右上方移动。
● 操作飞机在中心点悬停，按顺时针方向旋转 90° 后保持对尾姿态悬停 1 min。

3. B—B1 段悬停移动协调训练

① 右半边悬停移动训练，如图 5-59、图 5-60 所示。
● 飞机在中心点原地按顺时针方向旋转 90° 至右侧位，悬停 1 min。
● 向左压副翼使飞机向远处运动。
● 在飞机向远处运动的同时向前推升降舵，使飞机向前运动。
● 协调升降舵和副翼，使飞机匀速向中心点左上方运动至 B1 点。
● 保持无人机在 B1 点悬停 1 min。
● 向右操作副翼，使飞机向近处运动。
● 在飞机向近处移动的同时，向后拉升降舵，使飞机向左移动。

● 协调升降舵和副翼，使飞机匀速向中心点移动。
● 操作飞机在中心点右侧悬停 5 s。

图 5-59   （彩图）

图 5-60   （彩图）

② 左半边悬停移动训练，如图 5-61 所示。

图 5-61   （彩图）

● 向后拉升降舵，使飞机向左移动。
● 在飞机向左移动的同时，向右操作副翼，使飞机向近处移动。
● 协调升降舵和副翼，使飞机匀速向 B 点移动。
● 保持无人机在 B 点悬停 5 s。
● 向左操作副翼使飞机向远处移动。
● 向前推升降舵，使飞机向右移动。
● 协调升降舵和副翼，保持飞机姿态小的变化，使飞机匀速向中心点移动。
● 操作飞机在中心点右侧悬停 5 s。
● 操作无人机原地按逆时针方向旋转 90°，保持对尾姿态悬停 1 min。

4. C—C1 段悬停移动协调训练

① 左半边悬停移动训练，如图 5-62、图 5-63 所示。

图 5-62　（彩图）　　　　　　图 5-63　（彩图）

- 操作无人机在中心点原地旋转 180° 至飞机对头位置，悬停 5 s。
- 向右操作副翼，使飞机向左移动。
- 控制升降舵，使飞机尽量保持直线飞行。
- 在控制升降舵的同时，修正副翼控制速度，保持飞机匀速向 C 点移动。
- 保持飞机姿态在 C 点悬停 5 s。
- 向左操作副翼使飞机向右移动。
- 控制升降舵，尽量使飞机保持直线移动。
- 控制副翼使飞机匀速向中心点移动。
- 操作无人机在中心点保持对头姿态悬停 5 s。

② 右半边悬停移动训练，如图 5-64 所示。

- 向左操作副翼使飞机向右移动。
- 控制副翼保持飞机匀速移动到 O 点。

图 5-64　（彩图）

- 飞机原定旋转 180°，保持对尾姿态悬停 1 min。

● 修正升降舵，尽量使飞机保持直线移动。

● 在 C1 点悬停 5 s。

● 向右操作副翼，使飞机向左移动。

● 控制升降舵和副翼，尽量使飞机匀速并保持直线移动。

● 在中心点保持对头姿态悬停 5 s。

小提示：

1. 在米字平移的练习中，操作者心中应默想在第 5.1.7 和第 5.1.8 节练习的飞行中观察飞机的方式，继续锻炼自己慢速飞行中用眼睛提前观察目标点，主动控制飞机飞行的能力。

2. 在控制姿态方面，可以有针对性地把 8 字航线的四个主要特征点姿态控制方式加以巩固，如果感到非常吃力的话，可以复习第 5.1.7 节的斜向平移练习。

3. 认真按步骤练习，体会升降舵和副翼在不同情况下操作顺序的不同。

【课后思考】

1. 在航线练习中，关键是控制飞机与操作者自己的相对位置，当你发现其中有一侧方位平移过程中发生较大的偏移是什么原因造成的？

2. 在平移过程中无人机的速度是由什么决定的？

3. 在无人机机头朝向一致但是位置远近不同的两个机位，你作为一个观察者，是以什么角度来观察的？复习第 5.1.2 节八位姿态的转化。

5.2.2　八位直线平移练习

【学习目标】

能够操作无人机完成旋转 45°并平移一段距离，旋转和平移是同时进行的，从中点往左移动然后再往右移动，最后回到中心点，路线 1—2—3—……—16—1。

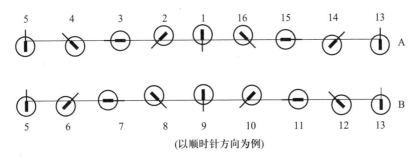

(以顺时针方向为例)

图 5-65　八位直线平移姿态图

【建议学时】

20 学时。

【教具准备】

模拟器、计算机。

【学习过程】

1. 选择训练场地

在模拟器中选择场地布局，单击 F3C 区域完成训练场地选择。

2. 完成顺时针自旋航线

① 完成无人机后退自旋航线 90° 旋转（1—3）。

图 5-66　后退自旋航线 90° 旋转（1—3）示意图（彩图）

● 无人机以对尾姿态悬停 1 min。

● 操作无人机按顺时针方向旋转 45°，并向左操作副翼，使飞机向左移动。

● 保持飞机向左移动，继续按顺时针方向旋转飞机 45° 至右侧位。

● 控制副翼使飞机保持在直线上，右侧位悬停 5 s。

② 完成无人机后退自旋航线 180° 旋转（3—5）。

图 5-67　后退自旋航线 180° 旋转（3—5）示意图（彩图）

● 向后拉升降舵使飞机向左移动，并继续操作飞机按顺时针方向旋转 45°。

● 无人机转至对头 45° 姿态向右操作副翼，并保持飞机按顺时针方向旋转至对头姿态。

● 保持无人机对头姿态悬停 5 s。

③ 完成无人机后退自旋航线 270° 旋转（5—7）。

● 向左操作副翼，使飞机向右方移动，并继续按顺时针方向旋转飞机45°。

● 飞机转至对头 45° 姿态时向后拉升降舵，保持飞机继续按顺时针方向旋转至左侧位。

● 操作无人机保持左侧位姿态悬停 5 s。

图 5-68　后退自旋航线 270° 旋转（5—7）示意图（彩图）

④ 完成无人机后退自旋航线 360° 旋转（7—9）。

● 向后拉升降舵，使飞机向右移动，保持飞机继续按顺时针方向旋转。

● 飞机转至对尾 45° 姿态时向右操作副翼，保持飞机继续按顺时针方向旋转至对尾姿态。

● 操作无人机保持对尾姿态悬停 5 s。

图 5-69　后退自旋航线 360° 旋转（7—9）示意图（彩图）

⑤ 完成无人机前进自旋航线 90° 旋转（9—11）。

● 操作无人机按顺时针方向旋转45°，并向右操作副翼，使飞机向左移动。

● 保持飞机向左移动，继续按顺时针方向旋转飞机 45° 至右侧位。

● 控制副翼使飞机保持在直线上，右侧位悬停 5 s。

图 5-70　前进自旋航线 90° 旋转（9—11）示意图（彩图）

⑥ 完成无人机前进自旋航线 180° 旋转（11—13）。

● 向前推升降舵使无人机向左移动，并继续操作飞机按顺时针方向旋转 45°。

● 无人机转至对头右 45° 姿态时向左操作副翼，并保持飞机继续按顺时针方向旋转至对头姿态。

● 操作无人机保持对头姿态悬停 5 s。

图 5-71　前进自旋航线 180° 旋转（11—13）示意图（彩图）

⑦ 完成前进自旋航线 270° 旋转（13—15）。

● 向右操作副翼，使无人机向右方移动，并按顺时针方向旋转飞机 45°。

● 飞机转至对头左 45° 姿态时向前推升降舵，保持飞机继续按顺时针方向旋转至左侧位。

● 操作无人机保持左侧位姿态悬停 5 s。

图 5-72　前进自旋航线 270° 旋转（13—15）示意图（彩图）

⑧ 完成无人机前进自旋航线 360° 旋转（15—1）。

● 向前推升降舵使无人机向左移动，并继续操作飞机按顺时针方向旋转 45°。

● 无人机转至对尾左 45° 姿态时向左操作副翼，并保持飞机按顺时针方向旋转至对尾姿态。

● 操作无人机保持对尾姿态悬停 5 s。

图 5-73　前进自旋航线 360° 旋转（15—1）示意图（彩图）

3. 逆时针自旋航线

参照顺时针自旋航线的操作，完成无人机逆时针自旋航线的练习。

小提示：这项任务锻炼的是行进间协调升降舵和方向舵的能力，为后续飞行训练打好基础。

【课后思考】

1. 请思考一下移动中的八位和悬停中的八位操作有什么不同？

2. 同样姿态的操作，在操作者正前方和远处进行时有什么不同？

3. 飞行中速度与方向是如何配合的？

4. 飞行中如何保持无人机平移，你的打舵是如何和飞机姿态配合的？

5.2.3　八位曲线平移练习

【学习目标】

能够操作无人机完成每旋转 45° 并沿曲线移动一段距离，旋转和移动同步进行，无人机曲线平移路线如图 5-74 所示。

【建议学时】

20 学时。

【教具准备】

模拟器、计算机。

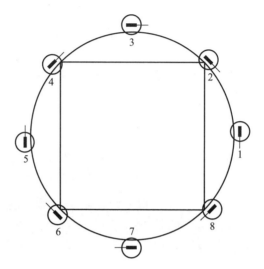

图 5-74　八位曲线平移路线图

【学习过程】

1. 选择训练场地

在模拟器中打开选择场地界面，选择场地布局单击 F3C 方框，即可在模拟器中调出 F3C 的方框场地。

2. 完成 1/4 圆

● 无人机保持对尾姿态悬停 1 min。

● 无人机保持对尾姿态平移飞机至如图 5-74 所示的方框右侧，悬停 5 s（1）①。

● 向前缓慢推升降舵，无人机直线飞行 1 m 左右，然后飞机保持按逆时针方向缓慢旋转 45°，用升降舵控制无人机前进速度。

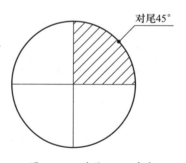

图 5-75　对尾 45° 姿态

——————————————
① 括号中数字为如图 5-74 所示的位置。

● 操作无人机旋转至对尾 45° 姿态，继续向前推升降舵，同时飞机按逆时针方向旋转（2）。

● 在完成前面几步的基础上加入副翼的操作，使用副翼控制无人机，防止其出现侧滑。

● 操作无人机至左侧位，飞机位置在方框正前方悬停 5 s（3）。

3. 完成 1/2 圆

● 保持无人机侧位悬停 5 s（3）。

● 向前缓慢推升降舵，使飞机直线飞行 1 m，然后飞机保持按逆时针方向缓慢旋转 45°，并用升降舵控制无人机前进速度。

● 操作无人机旋转至对头 45° 姿态，继续向前推升降舵，同时飞机按逆时针方向旋转（4）。

● 在完成前面几步的基础上加入副翼的操作，控制飞机以防止出现侧滑现象。

● 操作无人机转至对头姿态，飞机在方框左边悬停 5 s（5）。

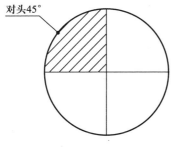

图 5-76 对头 45° 姿态

4. 完成 3/4 圆

● 无人机保持对头姿态悬停 5 s（5）。

● 向前缓慢推升降舵，使飞机直线飞行 1 m，然后飞机按逆时针方向旋转 45°，用升降舵控制无人机前进的速度。

● 操作无人机旋转至对头右 45° 姿态，继续向前缓慢推升降舵，飞机按逆时针方向旋转（6）。

● 在完成前面几步的基础上加入副翼的操作，使用副翼控制飞机防止其出现侧滑。

● 操作无人机转至右侧位，无人机保持在方框正后方位置悬停 5 s（7）。

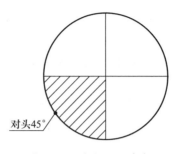

图 5-77　对头 45° 姿态

5. 完成圆周航线练习

● 保持无人机右侧位悬停 5 s（7）。

● 向前缓慢推升降舵，使飞机直线飞行 1 m，然后飞机保持按逆时针方向旋转 45°，用升降舵控制无人机的飞行速度。

● 操作无人机旋转至对尾右 45° 姿态，继续向前缓慢推升降舵，同时飞机按逆时针方向旋转（8）。

● 在完成前面操作的基础上加入副翼的操作，控制飞机防止其出现侧滑。

● 操作无人机转至对尾姿态，飞机在方框正右方位置悬停 5 s（1）。

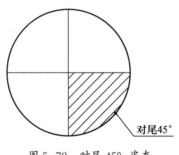

图 5-78　对尾 45° 姿态

6. 完整圆弧航线

● 继续反复练习四条弧线，做到可以连续不停顿地完成整个圆弧航线。

● 以顺时针旋转方向从第 5 点开始沿 5-4-3-2-1-8-7-6-5 轨迹飞行。

小提示：

1. 巩固飞行中观察飞机的方式，培养提前观察目标点的技能，使之成为一种本能反应。

2. 把八个悬停姿态放到远近不同的位置进行练习，巩固对八位悬停的精准操控。

3. 在升降舵和方向舵协调好的情况下，通过副翼操控让飞行轨迹变得更为精准。

【课后思考】

着重体会一下 1—3 段弧和 3—5 段弧飞行中副翼控制的特点。

5.2.4 斜 8 字练习

【学习目标】

1. 如图 5-79 所示，操作飞机沿 1—2—3—4—5—6—7—8—1 轨迹连续运动，飞行速度越慢越好，飞行高度为 2 m。
2. 操作飞机沿红色轨迹运动，要求同上。

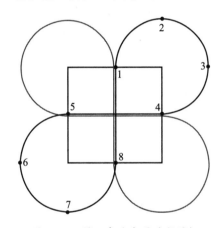

图 5-79 斜 8 字路线图（彩图）

【建议学时】

8 学时。

【教具准备】

模拟器、计算机。

【学习过程】

① 在模拟器中调出 F3C 的方框场地。

② 复习米字平移练习的步骤，明确如图 5-78 所示各点的姿态情况：1 和 8 点是对尾悬停姿态，2 和 7 点是对右悬停姿态，4 和 5 点是对左悬停姿态，3 和 6 点是对头悬停姿态。

③ 心中默想八位曲线平移练习的操作，体会升降舵和方向舵协调打舵的感觉。

④ 进行如图 5-78 所示右上圆周航线练习，从 1 点出发，保持飞行速度稍慢，连续完成整个圆周航线，在 4 点悬停 5 s。

⑤ 进行如图 5-78 所示左下圆周航线练习，从 4 点出发，保持飞行速度稍慢，连续完成整个圆周航线，在 8 点悬停 5 s。

⑥ 操作无人机完整地沿 1—2—3—4—5—6—7—8—1 缓慢运动，中途不进行悬停。

⑦ 重复④—⑥的操作，保持无人机沿红色轨迹运动。

小提示：

1. 本节练习的目的是同时完成顺时针和逆时针的圆周航线，在前面分段练习的基础上，相信大家可以连贯地完成整个航线飞行。

2. 当黑色轨迹与红色轨迹的飞行均能缓慢、流畅地完成后，说明操作者对飞机的姿态控制已经相当熟练了。

3. 如果在这个练习中，操作者已经能够很自如地控制飞机的方向和飞行轨迹，不再被动地被飞机"牵着"操作，证明操作者飞行时的观察方式也逐步正确。

5.2.5　水平 8 字航点练习

【学习目标】

能够操作无人机完成在 1、2、3、4、1、5、6、7、1 各点分别保持各自的姿态悬停 5 s，飞行高度 2 m。

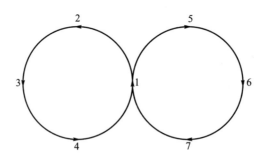

图 5-80　水平 8 字路线图

小提示：在前面练习的基础上，操作者已经能够很轻松地完成这个练习，但要注意控制住飞机的飞行速度。

【建议学时】

8 学时。

【教具准备】

模拟器、计算机。

【学习过程】

① 在模拟器中调出 F3C 的方框场地。

② 复习第 5.2.1 节的操作步骤，明确如图 5-79 所示各点的无人机姿态：1 和 8 点是对尾悬停姿态，2 和 7 点是对右悬停姿态，4 和 5 点是对左悬停姿态，3 和 6 点是对头悬停姿态。

③ 操作者心中默想第 5.2.3 节弧形轨迹的练习要领，体会升降舵和方向舵的协调配合。

④ 从 1 点出发，分别在其他各点以各自的姿态保持悬停 5 s。经过几次飞行，操作者会发现本节练习结合了第 5.2.1 节的米字平移和第 5.2.3 节的弧形轨迹练习。

⑤ 不断重复以上步骤，直至可以操作无人机随时停留在航线中任意点。

【课后思考】

1. 练习过程中，最难悬停的是哪几点？

2. 在困难的点，你是如何操作几个舵面配合解决悬停问题的？

3. 8 字航点之间的飞行，如何控制速度？

4. 本节的练习与斜 8 字练习有什么区别？之前的训练有什么帮助？

5.2.6　8 字航点自旋练习

【学习目标】

能够操作无人机沿 1—2—3—4—1—5—6—7—1 轨迹运动，并在每个点位做自旋 360° 飞行。

【建议学时】

8 学时。

【教具准备】

模拟器、计算机。

【学习过程】

① 在模拟器中选择 F3C 的方框场地。

② 操作无人机从 1 点出发，到达 2 点后保持对左悬停姿态，然后原地自旋 360°。

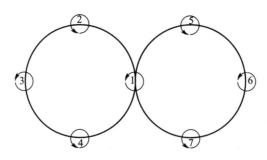

图 5-81　8 字航点自旋路线图

③ 操作无人机继续从 2 点出发，到达 3 点后保持对头悬停姿态原地自旋 360°。

④ 不断重复以上步骤，直至飞机完成全部轨迹的运动。

小提示：

1. 本节的练习可以锻炼各个位置修舵的能力，为以后的飞行做好基础。

2. 无人机在进行 360° 自旋飞行时，在各个方位（如远近、左右）会存在一定的视觉偏差，这个时候更加考验操作者观察飞机的能力。如果只盯着飞机操作，飞机会偏离航线。只有操作飞机的同时用余光看着周围的参照物（一般是飞机下面的参照标志），把飞机不断地往参照物方向靠，才能保证飞机在离自己不同位置的地方都能定点旋转。

5.2.7　8 字航线练习

【学习目标】

操作无人机完成如图 5-81 所示的 1—2—3—4—1—5—6—7—1 轨迹连续运动，中途飞行不悬停，飞行速度控制得越慢越好，飞行高度 2 m。

【建议学时】

20 学时。

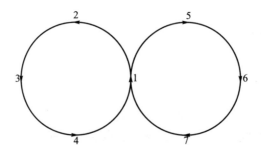

图 5-82　8 字航线图

【教具准备】

模拟器、计算机。

【学习过程】

① 在模拟器中选择 F3C 的方框场地。

② 操作者心中默想第 5.2.4 节的练习步骤,本节的练习是由在第 5.2.4 节的四个圆周航线变为两个圆周航线,左右两侧的圆周航线分别重合为一个。明白这点后,能更容易地控制飞机。

③ 操作无人机从 1 点出发,缓慢、连续不停顿地经过一个圆周,重新回到 1 点悬停 5 s。

④ 操作无人机继续从 1 点出发,缓慢、连续不停顿地完成另一侧的圆周飞行。

⑤ 不断重复以上步骤,直至飞机能够停留在航线中任意点,并能从该点出发完成后续的航线飞行。

⑥ 在 8 字航线练习中,升降舵的操作是第一位,使用升降舵控制飞行速度;方向舵的操作是第二位,用以控制飞行轨迹;副翼的操作是第三位,用以控制飞行轨迹的精准。

小提示:

1. 8 字航线飞行的操作原则是控制无人机的飞行速度,不能太快也不能太慢,关键是要均速飞行。在速度合理的前提下,靠方向舵的调整可以完美地完成 8 字飞行。

2. 要在有前进速度的情况下均匀地打方向舵,切不可在飞机原地不动的情况下转动方向舵。

【课后思考】

8 字飞行中副翼在什么时候需要修正?为什么?

6 外场飞行训练

6.1 无人机遥控器

【学习目标】

1. 认识遥控器并了解其作用。
2. 学习遥控器使用的基础知识与安全规范。
3. 掌握遥控器的常用设置。

【建议学时】

8 学时。

无人机遥控器是控制无人机飞行的主要设备，采用无线电遥控方式。无人机的活动半径和飞行自由度主要受机载和地面遥控设备的发射功率、无线电波的传输距离以及飞行器本身性能的限制。[1]

6.1.1 遥控器概述

【学习目标】

1. 认识遥控器各开关与摇杆作用。
2. 掌握遥控器基础运行原理。

---

[1] 本书将以 Futaba 遥控器为例进行介绍。

【建议学时】

4学时。

【教具准备】

Futaba遥控器。

【学习过程】

1. 遥控器作用与原理

无线电遥控设备为无人机无线电数据链的上行信道。包括地面（舰面、机载）无线电遥控操纵器（台）、遥控发射机、发射天线与馈线、机载无线电遥控接收天线、遥控接收机和基带信号解调器，完成各指令对飞机的操作控制。遥控器基本工作原理就是利用无线电发射机传送信号，并由接收机接收然后转换成控制指令。

2. 遥控器开关

Futaba遥控器（图6-1）上的两个摇杆控制飞机的基本动作，剩余开关可根据用户需求自行定义设置，遥控器上的开关分模拟量开关与开关量开关两种。遥控器上的杆、旋钮等可连续操作的是模拟量开关，需要拨动的钮是开关量开关。模拟量开关一般用来操作无人机姿态、舵或机载设备等连续动作，开关量开关是用来控制模式切换、开伞、一键返航等动作。

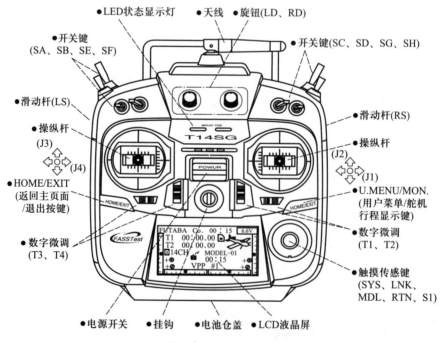

图6-1 遥控器示意图

3. 遥控器显示屏幕

遥控器开机后屏幕显示内容如图 6-2 所示。

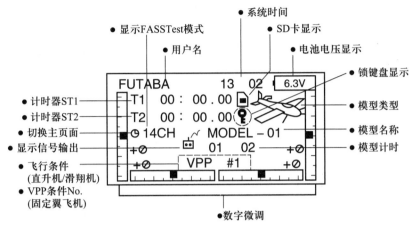

图 6-2　遥控器显示屏幕

6.1.2　遥控器的功能设置

【学习目标】

1. 掌握遥控器常用功能设置的内容和方法。
2. 熟知遥控器开机前的检查事项。

【建议学时】

4 学时。

【教具准备】

Futaba 遥控器。

【学习过程】

1. 建立新模型

进入"LNK"菜单，选择"MODEL SEL"，转动光标到左侧"NEW"按钮确认并长按 1 s，选择"固定翼飞机"模型，发射制式选择"MULT"。固定翼飞机模型的名称为 AIRPLANE，（无人）直升机模型的名称为 HELICOPTER，滑翔机模型的名称是 GLIDER。

2. 遥控器通道设置

进入遥控器"FUNCTION"菜单，检查 1—4 通道顺序；美国手通道顺序为 J1、J2、J3、J4，日本手通道顺序为 J1、J3、J2、J4；第 5 通道"GEAR"设置为"SE"开关，功能是 GPS 开关；第 6 通道"VPP"为"SC"开关，功能为自动悬停、自动导航和返航降落。

3. 将通道设置为反向

在关联菜单中选择"REVERSE"（反向）选项，将油门（THR）反向通道"NORM"更改为"REV"（反向），反向就是将各通道开关设置为相反方向。

4. 失控保护设置

进入"LNK"菜单，单击右侧第三项"FAILSAFE"，设置第 3 通道"THR"油门 F/S 为打开状态，油门杆靠近最低位，光标移到数值上长按"RTN"键，当数值显示为 –95% 时即可。第 5 通道"GEAR"模式开关"F/S"设置为打开状态，数值为 +100%。第 6 通道"VPP"模式开关"F/S"设置为打开状态，数值为 +100%。

5. 计时器设置（实际操作）

遥控器显示屏初始界面"ST1""ST2"为两个计时器，将"ST1"设置为飞行时间，可以设置正倒计时 UP 或 DOWN，开关计时启动 START 或 STOP，提醒模式振动或鸣响等；而将 ST2 设置为不同的计时方式。

6. 用户名 / 模型名称的设置

单击"SYS"菜单的"USERNAME"选项，输入用户名。进入"LNK"菜单，将"MODEL SEL"的模型名称设置为 X Y。

7. 遥控器在各个阶段的检查事项

无人机遥控器在无人机起飞前、飞行中和飞行后的检查事项见表 6-1。

表 6-1　遥控器检查事项

飞行过程	检查事项	执行
飞行前	① 天线位置与遥控器垂直	
	② 所有开关关闭（一挡位置）	
	③ 油门收底	
	④ 遥控器电压	
	⑤ 飞机模型（多旋翼用固定翼模型）	
	⑥ 发射制式（MULT、7CH）	

续表

飞行过程	检查事项	执行
飞行前	⑦ 模型名称 (XY6-SC)	
	⑧ 微调中立全部为零	
	⑨ 计时器清零	
	⑩ 查看遥控器舵量监控	
	⑪ 与教员线对频	
飞行中	① 切换控制权时，保持油门中立	
	② 收到控制权后，判断飞机运动与操作相符	
	③ 收到控制权后，适应飞行感度	
飞行后	① 当收到教员确认切换了控制权时，方可收油和关控	
	② 交换遥控器时，保持遥控器设置不变	
	③ 如控制权在你方，需保持拇指压油门杆	

小提示：

1. 飞机模型 AIRPLANE 为固定翼飞行模型，MULTIROTOR 为多旋翼模型。

2. 遥控器电池为镍氢电池，单节电压为 1.4 V，单节额定电压为 1.2 V。

6.2　外场飞行准备

【学习目标】

1. 能够熟练完成飞行前检查。

2. 熟悉自己练习的飞机。

【建议学时】

8 学时。

【教具准备】

无人机 1 架[①]、遥控器 1 个、标志筒 1 个。

---

① 本书以零度飞控为例进行介绍。

6.2.1 外场飞机安全检查

【学习目标】

1. 了解正确操作飞机的安全准备流程。
2. 能够进行飞机起飞的简单设置。

【建议学时】

4 学时。

【教具准备】

无人机 1 架、遥控器 1 个、标志筒 1 个。

【学习过程】

1. 正确掌握对频飞机的流程

① 卸掉无人机螺旋桨（关键步骤）。
② 打开遥控器，连接飞控电源。
③ 按照所使用的接收机执行对频操作。

2. 起飞前检查事项

① 对地面设备的检查（主要步骤）：

● 遥控设备的电量(T8FG 大于 7 V, T14SG 大于 6 V)，遥控器模型种类。
● 设定飞行时间为 25 min。
● 在 "FUNCTION" 菜单设定 GPS 及功能开关，在 "FAIL SAFE" 菜单设定油门失控保护。

② 对飞机的检查（主要步骤）：

● 飞机紧固件是否松动。
● 螺旋桨与地面是否平行。
● 飞机电量是否大于 22.2 V 的电压。
● 在地面切换 GPS 飞行模式，指示灯是否是绿灯闪烁（红灯闪烁表示正在搜 GPS 卫星信号，需等待搜星完毕）。

③ 其他检查：

● 打开地面电台，打开地面站，找到电台无线保真 Wi-Fi 信号进行连接。
● 检查 GPS 强度，至少 7 颗星。
● 卡尔曼滤波值 +–10 以内。
● 姿态角、航向角有没有姿态的倾斜。
● 手控舵位与实际油门杆位置相应是否相同，可先向左右分别推动副翼摇杆，查看显示情况。

小提示：可参照表 6-2 进行飞行的各项检查，按流程确认，完成的项打√。

表 6-2　飞行检查事项

	飞行前			飞行中	飞行后
遥控器	① 天线位置与遥控器垂直	② 所有开关关闭（一挡位置）	③ 油门收底	① 切换控制权时，保持油门中立	① 当收到教员确认切换了控制权后，收油门和关控
	④ 遥控器电压	⑤ 飞机模型（多旋翼选固定翼模型）	⑥ 发射制式（MULT、7CH）	② 收到控制权后，判断飞机运动与操作是否相符	② 交换遥控器时，保持遥控器设置不变
	⑦ 模型名称（XY6-SC）	⑧ 微调中立全部为零	⑨ 计时器清零	③ 收到控制权后，适应飞行感度	③ 如控制权在你方，需保持拇指压油门杆
	⑩ 查看遥控器舵量监控（有无通道反向）	⑪ 与教员线对频			

备注：
1. 飞机模型：AIRPLANE 为固定翼无人机模型，MULTIROTOR 为多旋翼无人机模型；
2. 遥控器电池为镍氢电池，单节电压为 1.4 V，单节额定电压为 1.2 V

飞行器	① 电池与飞机连接是否牢固	② 飞行电池电压	③ 区分飞机头尾（保持对尾）	① 时刻注意观察飞机信号灯	① 更换完的电池及时放到电池箱里，需区分使用过与没有使用的电池
	④ 螺旋桨安装顺序和方向	⑤ 完成与飞行器对频成功	⑥ 听到电调声消失后，挪动飞机	② 看不清飞行姿态或身体不适时，立即向教员报告	② 抬、放飞机时注意脚架、螺旋桨和电机的安全
	⑦ 观察飞机信号灯为正常状态				

备注：每组电池为两块电池并联，每块电池为 6 s 电荷量 1.6×10^4 mA·h，两块 3.2×10^4 mA·h 锂聚合物电池，每组电池满电状态电压为 25.2 V，额定状态电压为 22.2 V，单节电池满电状态电压为 4.2 V，额定电压为 3.7 V

地面站	① 地面站电量	② 卡尔曼滤波值	③ 飞行器的 GPS 星数	① 时刻观察飞行器电压、晃动值、电机平衡性（防止误碰到其他开关）	
	④ 飞行器参数设置	⑤ 飞行器感度设置		② 连接飞机后，未经教员允许不可修改飞行器各项参数	

备注：信号灯分为红、绿、蓝、紫、白几种颜色，外场飞行时常见红、绿、白色灯闪烁。红色灯闪表示：① 正在搜星，② 电池电压不足；绿色灯闪表示 GPS 模式开启；白色灯闪表示：① 单闪为姿态角过大，② 长亮为飞控有问题

6.2.2 熟悉所使用的飞机

【学习目标】

1. 通过无人机对尾悬停训练，感受真实外场所使用飞机的操作杆拨动量。

2. 能够操作无人机保持对尾姿态悬停在目标点上方。

小提示：刚开始进行外场飞行训练时，操作者可能会有些不适应，包括操作手感和观看飞机的视角。外场训练时，首先需要熟悉外场的飞行视角，飞机位置不是平行视线，而是稍微高于平行视线；其次飞机距离操作者的最近距离不能低于 5 m。

【建议学时】

4 学时。

【教具准备】

无人机 1 架、遥控器 1 个、标志筒 1 个。

【学习过程】

一、无人机对尾悬停控制训练

1. 无人机对尾悬停俯仰控制

① 保持机身对尾姿态不变，操作升降舵，使飞机处于距离自己 5 m 的安全距离外。

② 熟练升降舵，控制飞机位置在目标筒附近 3 m 范围之内。

③ 无人机保持对尾姿态，在目标筒前后 1 m 范围内悬停 1 min。

④ 机身保持对尾悬停姿态，熟练控制升降舵，使飞机保持与目标筒的前后距离。

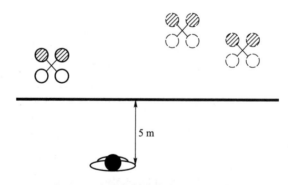

图 6-3　对尾姿态悬停俯仰控制示意图

⑤ 在保持飞机前后位置的前提下，加入副翼的操作控制。

⑥ 熟悉升降舵和副翼同时进行的协调操作。

⑦ 控制飞机在目标筒的左右 3 m 范围内。

⑧ 控制飞机在目标筒直径 2 m 范围内悬停 1 min。

小提示：首次接触无人机的操作者可能有些不适应，要在教员的保护下，尽可能地大舵量拨动摇杆，感受飞机漂移量与杆量之间的比例关系。

2. 对尾悬停副翼控制

① 机身保持对尾悬停姿态，熟练控制升降舵，使飞机保持与目标筒的前后距离。

② 飞机在保持前后位置的前提下，加入副翼的控制操作。

③ 熟悉升降舵和副翼同时进行的操作协调性。

④ 控制飞机在目标筒左右 3 m 范围内。

⑤ 控制飞机在目标筒直径 2 m 范围内悬停 1 min。

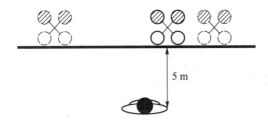

图 6-4 对尾姿态悬停副翼控制示意图

图 6-5 对尾悬停

小提示：就如同车辆一样，刚开始驾驶的时候，为了能保持直线行驶驾驶员会手忙脚乱。造成这种窘境的原因可能在于方向盘抓得太紧，从而使方向盘长时间处在修正上次误差的位置上。而熟练驾驶之后，驾驶员变得放松而自信，只需稍微"打"一下方向盘去修正偏差，因为驾驶员心里很清楚，如果"打"一次方向盘不够，只需要再调整，直到回到正确的线路。由此可见，只要能够一次次地微调方向，就能保持直线行驶，同时还能减少我们对行驶方向进行修正的次数。所以不管是为了维持定点悬停，还是进行细微的航线飞行，只要利用轻轻"点碰"副翼或升降舵，再放松回到回中状态的动作，都能减少过量操纵的问题，从而达到精确的效果。

二、对尾姿态移动练习

1. 对尾姿态前后移动练习

① 无人机保持对尾悬停姿态 1 min。

② 保持飞机左右偏移范围 1 m，轻推升降舵，保持小杆量。

③ 控制升降舵的操作量，使飞机姿态俯仰变换角小于 3°，保持飞机匀速前进。

图 6-6　对尾姿态前后移动

2. 对尾姿态左右移动练习

① 无人机保持对尾悬停姿态 1 min。

② 保持飞机前后偏移范围 1 m，轻打左副翼，保持小杆量。

图 6-7　对尾姿态左右移动

③ 控制副翼的操作量，使飞机姿态横滚变换范围小于3°，保持飞机匀速横移。

3. 对尾姿态悬停在目标点上方，体会"揉舵"操作

① 保持无人机悬停在目标点上方，用最少的操作次数对飞机进行修正。

② 每次操作舵量尽可能小。

③ 通过少操作、小舵量来体会操作的提前量，达到"揉舵"的操作效果。

操作过度的现象并不完全是由于进行过快、过大的剧烈动作造成的，而往往是由于长时间压住某个舵面造成的。飞手压住操纵杆不放，等着看到飞机产生明显的响应，这个时候最有可能造成操作过度的后果。因此，飞行中如果在每次做完点碰动作后，都能有意识地在回中位置停顿一下，就能够有效避免操作过度的现象。

小提示：外场训练是对理论学习与模拟训练的检验，练习的内容既与之前所学进行衔接，同时又针对实际飞行的需要，加入了其特殊的训练内容，可以帮助操作者更好地掌握飞机技巧，打牢飞行基础。

6.3 悬停技术训练

【学习目标】

能够完成无人机360°自旋操作。

【建议学时】

36学时。

悬停技术是无人机飞行的核心基础，也是其他飞行的基石，有效并牢固地掌握悬停操作，将对后续的进阶飞行训练产生事半功倍的效果，也将对提高自身的飞行技能打下坚实的基础。

6.3.1 加入方向舵训练

【学习目标】

1. 能够操作无人机完成：保持对尾姿态悬停在目标点上方1 min，保持对尾姿态分别向左右移动，至视角变为对尾45°时悬停5 s。

2. 能够操作无人机完成：保持中点对尾姿态悬停5 s，按逆时针方向旋转45°至对尾45°姿态悬停30 s。

【建议学时】

2 学时。

【教具准备】

无人机 1 架、遥控器 1 个、标志筒 1 个。

【学习过程】

① 保持无人机对尾悬停 1 min，悬停的过程要保持飞机的位置，尽量不产生移动，悬停过程中着重体会揉操作杆的操作方式。

图 6-8　对尾姿态悬停（彩图）

② 在保持飞机位置不变的情况下，向左操作方向舵，原地慢速旋转45°。在操作飞机升降舵和副翼的前提下操作方向舵，体验外场飞机旋转的感觉。

③ 无人机旋转至对尾 45° 姿态，在目标点上方悬停 5 s。通过旋转飞机方向，使飞机转换姿态悬停，悬停过程中体验操作飞机的不同感受。

④ 在小舵量操作飞机对尾悬停的基础上，加入方向舵操作，慢慢地按逆时针方向旋转 45°。旋转过程可能会出现飞机位置偏移的情况，在无人机转至目标位置后操作飞机回到中点位置。

小提示：飞行训练的时候，正确的学习方法是把练习重点集中在建立一个稳定不变的操作模式上。要让飞机"跟着你的操纵飞"，这时你将会感觉有足够的时间进行操作，让你的"思维走在飞机动作的前面"。

6.3.2　另一种操作方式

【学习目标】

能够完成无人机按逆时针方向旋转至对头姿态悬停 3 min。

【建议学时】

2 学时。

【教具准备】

无人机 1 架、遥控器 1 个、标志筒 1 个。

【学习过程】

① 保持无人机对尾 45° 姿态悬停 5 s。

② 操作无人机按逆时针方向旋转至对头姿态。

③ 无人机保持目标点上方对头姿态悬停 5 s。

图 6-9　对头姿态悬停（彩图）

无人机在对尾 45° 姿态悬停的基础上，按逆时针方向慢速旋转到对头位置。旋转过程中飞机位置会有偏移，转至对头位置后，将飞机操作回中点。熟悉无人机对头姿态悬停操作方式，在目标点上方悬停，尽量用最少的操作次数，平滑地操作无人机悬停在目标点之上。

小提示：

1. 造成飞机控制困难的另一个公认的原因是平时大撒把，不握着操纵杆，需要的时候再"仓促"地去攥操纵杆。这样的操作不可能控制操纵动作的节奏和幅度。所以，驾驶无人机时要始终把拇指和食指放在操纵杆上。

2. 操作者可以手里拿遥控器，想象有一架飞机正在被控制飞行，以此进行练习。除了无人机对头姿态练习外，还要默想由对头姿态转至对尾姿态模式。只有当这些练习变得程式化，才能顺利地做好每个姿态的转化。不仅是要做好飞行训练的准备工作，而且还要做到第一次飞行的精益求精。

6.3.3　右半圆对头 45° 悬停

【学习目标】

能够完成无人机对头姿态悬停 1 min，按逆时针方向旋转飞机至对头 45° 姿态，保持无人机悬停 1 min。

【建议学时】

4 学时。

【教具准备】

无人机 1 架、遥控器 1 个、标志筒 1 个。

【学习过程】

① 保持无人机对头姿态悬停 5 s。
② 向左操作方向舵，按逆时针方向旋转飞机至对头 45° 姿态。
③ 操作无人机对头 45° 姿态悬停 5 s。
④ 反复进行无人机旋转练习。

小提示：无人机在对头姿态悬停的基础上，按逆时针方向旋转 45° 到对头 45° 姿态，旋转过程中感受飞机偏移及修正方式。熟悉无人机对头悬停操作方式，在目标点上方悬停，直到用最少的操作次数、平滑地操作飞机悬停在目标点上方。慢慢地，操作者能够逐步用更少的次数把飞机调整到一个稳定的状态。

图 6-10　右半圆对头 45° 悬停（彩图）

6.3.4　右半圆侧位悬停

【学习目标】

能够操作无人机完成右半圆对头 45° 逆时针方向旋转至侧位悬停

3 min。

【建议学时】

4 学时。

【教具准备】

无人机 1 架、遥控器 1 个、标志筒 1 个。

【学习过程】

① 操作无人机保持对头右 45°姿态悬停 5 s。

② 向左操作方向舵，按逆时针方向旋转飞机至右侧位。

③ 保持无人机右侧位悬停 3 min。

④ 反复进行上述旋转练习。

小提示：在飞机转向侧位的时候，可以暂时扭转身体。采用这种方法，能让操作者的身体顺向飞机的飞行方向，方便利用点碰动作快速进行航线修正，避免出现左右混淆的问题。扭转身体只是起辅助作用，不要把它当成一个任务来完成，而且只需要稍稍转一点儿即可。

图 6-11　右半圆侧位悬停（彩图）

6.3.5　自旋 1/2 圆练习

【学习目标】

1. 能够操作无人机完成对头姿态转至对头 45°姿态。

2. 能够操作无人机完成对头 45°姿态转至右侧位。

3. 能够操作无人机完成右侧位转至对尾 45°姿态。

4. 能够操作无人机完成对尾 45°转至对尾姿态。

【建议学时】

4学时。

【教具准备】

无人机1架、遥控器1个、标志筒1个。

【学习过程】

1. 操作无人机保持右侧位悬停5 s。

2. 向左操作方向舵，飞机按逆时针方向旋转至右半圆对尾45°姿态。

图6-12 无人机初始姿态（彩图）

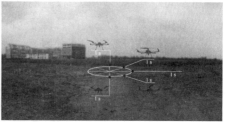
图6-13 自旋1/2圆示意图（彩图）

3. 无人机保持对尾45°姿态，在目标点悬停5 s。

4. 向左操作方向舵，飞机按逆时针方向旋转至对尾姿态悬停5 s。

5. 操作无人机转回到对头姿态，悬停5 s，重复完成4个45°旋转。

6. 把上述步骤连贯起来，每个步骤可以停留1 s。

小提示：在飞行中观察飞机，不管飞机是四轴还是八轴，什么能见度，什么飞行角度，什么风向，也不管机身是否处在"侧滑状态"或者侧滑多少，都要将无人机作为一个整体来操作，而不能只根据飞机的某一部分来进行判断。飞机有可能向左侧倾斜，机身却在向右漂移。在定点悬停的时候，一定要不断地判断：飞机正在向哪儿漂？这样才能尽早地主动判断出飞机是否偏离了标志筒。

6.3.6 左半圆对尾45°悬停练习

【学习目标】

能够操作无人机完成：在右半圆对尾45°姿态悬停1 min，按逆时针方向旋转90°，中间经过对尾姿态悬停5 s，继续旋转无人机至左半圆对尾45°姿态悬停1 min。

【建议学时】

4学时。

【教具准备】

无人机1架、遥控器1个、标志筒1个。

【学习过程】

1. 操作无人机保持对尾姿态悬停1 min。

2. 在飞机位置保持不变的情况下，向左操作方向舵，操作无人机原地慢速旋转45°。

3. 无人机转至对尾45°姿态，在目标点悬停5 s。

4. 在保持飞机位置不变的情况下，向右操作方向舵，操作无人机原地慢速旋转45°。

5. 无人机转至对尾姿态，在目标点悬停5 s。

6. 反复循环操作，直至旋转过程中飞机不产生偏移。

小提示：刚开始练习的时候，只有当飞机到达每个悬停位置后，操作者才能有精力迅速地观察一下标志筒的位置。随着不断反复练习位置间的来回旋转，渐渐地操作者可以随时观察飞机和标志筒的位置了。这时，操作者的眼睛中同时看着两样东西——飞机和标志筒。

图6-14　左半圆对尾45°姿态悬停训练示意图（彩图）

6.3.7　左半圆对左侧位悬停

【学习目标】

能够操作无人机完成：左半圆对尾45°姿态悬停1 min，按逆时针方向旋转45°至左半圆侧位，保持无人机悬停1 min。

【建议学时】

4学时。

【教具准备】

无人机 1 架、遥控器 1 个、标志筒 1 个。

【学习过程】

① 操作无人机对尾 45° 姿态悬停 1 min。

② 在保持飞机位置不变的情况下，向左操作方向舵，使飞机原地慢速旋转 45°。

③ 飞机转至左侧位，在目标点悬停 5 s。

④ 在保持飞机位置不变的情况下，向右操作方向舵，使飞机原地慢速旋转 45°。

⑤ 无人机转至对尾 45° 姿态，在目标点悬停 1 min。

⑥ 反复操作直至旋转过程中飞机不产生偏移。

图 6-15　左半圆对左侧位悬停训练示意图（彩图）

小提示：初始阶段把一个自旋分成 8 个停顿点，是为了训练操作者在每个停顿点去完成飞机的位置修正。每个分段部分的旋转速度越慢，就越有可能在旋转过程中边旋转边进行修正。边旋转边修正可以培养操作者时刻同时观察飞机和参照物的习惯，这也是本节训练的重点。不要单独观察飞机的某个姿态，要主动控制飞机的整体运动趋势。

6.3.8　左半圆对头 45° 悬停

【学习目标】

能够操作无人机完成：左半圆侧位悬停 1 min，按逆时针方向旋转 45°，飞机旋转至左半圆对头 45° 姿态悬停 5 s。

【建议学时】

4 学时。

【教具准备】

无人机 1 架、遥控器 1 个、标志筒 1 个。

【学习过程】

① 保持无人机左侧位悬停 1 min。

② 在保持飞机位置不变的情况下，向左操作方向舵，使飞机原地慢速旋转 45°。

③ 无人机转至对头 45° 姿态，在目标点悬停 5 s。

④ 在保持飞机位置不变的情况下，向右操作方向舵，使飞机原地慢速旋转 45°。

⑤ 无人机转至左侧位，在目标点悬停 1 min。

⑥ 反复循环操作，直至旋转过程中飞机不发生偏移。

图 6-16　左半圆对头 45° 姿态悬停训练示意图（彩图）

小提示：在无人机连续旋转的过程中，操作者一定要用地面的标志筒来做参照物，不断地问自己"飞机和标志筒的相对位置关系是怎样的？"这是发现和修正航线偏差最直接的方法。不断地把飞机往标志筒方向靠，逐渐形成一个程式化的操作，让飞机越来越按照操作者的意愿飞行。

6.3.9　左半圆 180° 自旋

【学习目标】

能够操作无人机完成左半圆 180° 自旋飞行。

【建议学时】

4 学时。

【教具准备】

无人机 1 架、遥控器 1 个、标志筒 1 个。

【学习过程】

① 无人机保持对头 45° 姿态悬停 5 s。

② 在飞机位置保持不变的情况下,向左操作方向舵,使飞机原地慢速旋转 45°。

③ 无人机转至对头姿态,在目标点悬停 5 s。

④ 在飞机位置保持不变的情况下,向右操作方向舵,使飞机原地慢速旋转 45°。

⑤ 无人机转至对头 45° 姿态,在目标点悬停 5 s。

⑥ 反复循环操作,直至无人机在旋转过程中不产生偏移。

⑦ 把上述步骤连贯起来操作,每个位置可以停留 1 s。

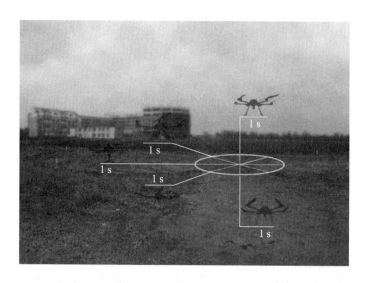

图 6-17　左半圆 180° 自旋训练示意图(彩图)

小提示:训练自己在每次飞行前和飞行后默想操作步骤,可以假想飞机可能出现的各种偏离情况,迅速判断修舵的方向,也可以默想推杆量的大小和飞机偏离的距离,从而形成精确的动作反应。

6.3.10　慢速自旋 360° 练习

【学习目标】

能够操作无人机完成:对尾姿态悬停 1 min,匀速按逆时针方向旋转 8 个 45° 区间,回至对尾状态,保持飞机位置不变。

【建议学时】

4 学时。

【教具准备】

无人机 1 架、遥控器 1 个、标志筒 1 个。

【学习过程】

① 操作无人机按照八位旋转的练习，在每个位置停留 1 s。

② 操作无人机按照八位旋转的练习，对自旋过程中无人机产生的偏移进行修正，完成自旋 360°。

图 6-18　自旋 360° 训练示意图（彩图）

小提示：操作者在本节的训练中，在打舵的方向、力度和时机方面已经可以逐步开始从容不迫地控制飞机。如果 1 s 的停顿时间觉得短，可以从 5 s 开始，然后将停留时间逐步缩短到 3 s、1 s。每个停顿的时间要保持一样，停留时间一到就开始转动，保持一种转动的节奏感。

6.1　外场航线训练飞行

【学习目标】

能够操作无人机熟练完成 8 字航线的飞行。

【建议学时】

44 学时。

6.4.1　速度控制练习

【学习目标】

能够操作无人机完成侧位匀速直线航线。

【建议学时】

4 学时。

【教具准备】

无人机 1 架、遥控器 1 个、标志筒 5 个。

【学习过程】

① 选取两个与操作者平行、相距 30 m 的目标点。

② 飞机保持右侧位悬停在左侧目标点。

③ 操作无人机匀速向前飞到右目标点悬停 5 s。

④ 在两个目标点之间再加入两个目标点，重复进行上述操作，无人机在中心点减速但是不停，练习升降舵的操作精准性。

⑤ 操作无人机向后退飞，重复上述步骤的练习。

慢速

图 6-19　航线示意图（彩图）

小提示：操作者在本节的练习中要做到"心中有数，适时调整"，即在飞过一个标志筒后，眼睛就得观察下一个标志筒，并相应调整升降舵的幅度，确保在前进或后退过程中始终保持匀速飞行。每个起落过程，操作者都需要做一次默想练习，从左至右、从右至左进行双向练习，在头脑中形成程式化的操作后操作无人机将更加从容。

6.4.2 航点的练习

【学习目标】

能够操作无人机完成相应点位不同姿态的悬停。

【建议学时】

20 学时。

【教具准备】

无人机 1 架、遥控器 1 个、标志筒 7 个。

【学习过程】

① 操作无人机在中心点（图 6-19）保持左侧位悬停，然后保持飞机姿态分别在左上点和右下点悬停 1 min。

② 操作无人机在中心点保持右侧位悬停，然后保持飞机姿态分别在左下点和右上点悬停 1 min。

③ 操作无人机在中心点保持对头姿态悬停，然后保持飞机姿态，分别在左边点和右边点悬停 1 min。

图 6-20 左上和右下点的左侧位悬停（彩图）　　图 6-21 右上和左下点的右侧位悬停

小提示：

1. 无人机在远处点位悬停时，会存在操作者看不清飞机姿态、不知道如何打舵的现象。这种情况往往是由于操作者在观察飞机的时候只局限在细节，而没有把飞机当作一个整体来观察它的运动趋势造成的。

2. 操作者在飞行时一定要时刻提醒自己"飞机正在飞向何处"，然后根据需要进行航线修正。主动地控制飞机轨迹，不论飞机的姿态和机头朝向。

6.4.3　圆周航线练习

【学习目标】

能够操作无人机完成对尾姿态悬停 10 s，分别匀速进行左侧和右侧 4 个圆弧航线，4 个姿态准确经过 4 个位置点。

【建议学时】

20 学时。

【教具准备】

无人机 1 架、遥控器 1 个、标志筒 7 个。

【学习过程】

① 操作无人机飞行如图 6-22 所示左半圆 A—B 段弧线航线，在 B 点保持对左姿态悬停 10 s，用升降舵和方向舵控制飞行速度和机头的方向。到达 B 点迅速停住无人机，且机头指向正确。

图 6-22　（彩图）

② 按照步骤①的操作要求，进行如图 6-23、图 6-24、图 6-25 所示的 B—C、C—D、D—A 段弧的飞行。

③ 按照同样要求，进行右半圆的飞行训练。

④ 重复进行①、②、③步骤的练习，把注意力放在副翼的操作，让每段弧的航线飞行更加精准。

⑤ 重复以上步骤，每个点位不停留，减速通过即可。

⑥ 反复练习直至熟练。

图 6-23 （彩图）

图 6-24 （彩图）

图 6-25 （彩图）

　　小提示：操作者在开始外场飞行训练时，会很自然地根据飞机的飞行状况被动地做出反应，即先见到错误才能决定下一步该怎样去行动。因此，出现修舵不及时、飞机飘移大的问题。这是由于操作者开始自旋的时候先压副翼，然后一边用眼睛观察飞机机身的倾斜情况，一边用手继续压副翼，或是当飞机出现往前或往后的漂移，操作者将注意力转移到如何拉升降舵以保持飞机前后水平，同时压着副翼所造成的。这样的操作会使飞机倾斜得更厉害，加剧飞机的侧滑，进一步远离中心点。所以，只关注单个舵进行操控的话会出现舵量不合适、修舵慢半拍的情况。正确的方法是在练习过程中，把飞机当作一个整体，始终去感受飞机的运动趋势，在飞机发生目视可观察到的实际飘移之前，主动地去修舵以控制飞机的飞行轨迹。

7 地面控制系统

【学习目标】

1.能够完成装机后使用地面控制站对飞控进行基本设置。

2.能够完成装机后起飞前的检查步骤。

3.掌握地面控制站使用方法。

【建议学时】

4学时。

地面控制站（简称地面站）是在地面上用于无人机遥控、遥测、测距测角和任务载荷信息传输的设备，一般由遥控器、计算机、视频显示器、电源系统、电台等设备组成，简单地说就是1台计算机（智能手机、平板式计算机）、1部电台和1个遥控器。本书主要介绍（智能手机、平板式计算机）使用的飞控软件。

7.1 手机地面站调试

【学习目标】

1.掌握飞控安装、设置的流程与方法。

2.掌握遥控器的校准操作。

3.熟练进行飞行参数设置。

4.熟练进行电调行程校准。

5.掌握飞控工作模式。

【建议学时】

2学时。

【教具准备】

无人机1架、计算机、手机地面站软件、电池。

【学习过程】

1.地面站系统的作用与功能

地面站系统是控制无人机飞行和任务载荷的系统，起飞前使用地面站系统软件检查飞机状态是否正常，通过航线规划工具规划飞机的飞行线路，设定飞行高度、速度、飞行地点和飞行任务等；飞行中通过数据口连接的数据传输系统将任务数据编译传送至飞控系统，并能够实时接收飞机的当前信息，起到监控飞机的作用。

2.地面站软件

地面站软件中，数据项反映的是飞机各传感器数据；地图项显示当前飞行地点的地图，也可以在次项下进行航线设置；设置项用以设置飞机基本类项目，如遥控器校准、磁罗盘校准、安装向导等；参数项是更改飞机各项飞行参数的选项。

① 在地面站上检查遥控器设置是否正确。在数据项内查看手控舵位与当前遥控器是否一致，拨动5、6通道观察飞行状态栏是否有所改变。

② 校准遥控器、电调。当遥控器实际舵位与地面站手控舵位相差较大时需要校准遥控器，操作步骤为：单击"地面站设置"选项进入设置界面，单击"校准遥控器"选项，按提示项内容将遥控器两摇杆最大最小位置上下、左右、前后拨动进行校准。当飞机电机转速相差较大时，需要进行电调校准以使各电机保持转速统一，操作步骤为：飞机的飞控系统接通电后，连接地面站，单击"地面站设置"选项，待外八字"↙ ↘"指示符号解锁后将油门迅速推到最大位，此时无人机的动力电接通，听到"嘀嘀"两声提示声后将油门收到最低位，即完成校准操作。

③ 接通动力电后外八解锁并检查电机是否同步。新安装的无人机或者无人机更换电机、电调等电子设备后，需要检测电机的怠速量是否一致。校准电调以好盈电调为例，通电前保持油门高位，听到提示音后将油门收到最低位，提示声响起表示校准操作完成，注意：部分遥控器需要设置油门反向。

④ 飞行器参数设置。

● 横滚感度 / 俯仰感度：显示飞行器横滚、俯仰灵敏度的指标，其值将直接影响驾驶者手感的灵敏度，过小或过大都会造成无人机机体不稳定。数值参数 0~255，感度越大则修正越快，反应到手感上就越灵敏。但过大的感度会导致无人机出现高频颤动，对于转速较高（或小桨）的飞行器需要减小感度。

● 晃动补偿：为了修正低转速飞行器晃动而设置的参数，可以提高稳定性但同时会降低灵敏度。晃动补偿值太小或太大都会造成机体不稳定，正常范围 0~255。如果机体反复晃动，可以逐渐调大此参数；反之机体高频颤动，则减小该值。

● 最大升降速度：设置爬升或下降时最大速度的参数。

● 电池片数：根据实际使用的电池数量填写（飞控系统根据所填写的电池片数与电压初始报警值自动计算低电压报警）。

● 用户高度 / 距离限制：飞行器飞行最高和最远距离。当填写的参数为 0 表示取消限制，也可以自行填写距离限制。

● 电压初始报警值：所用电池单片报警电压设定为 3.65 V。

● 飞机种类：设置飞行器的种类参数，根据实际情况选择。

● 手感方式：有速度模式和姿态模式两种选项，速度模式为 GPS 模式的速度，姿态模式为手动方式的速度（选择姿态模式时无填写项）。

● 最大飞行速度：根据实际情况合理地进行选择（当手感方式为姿态模式的时候，该参数不存在）。

⑤ 装机后到起飞前的检查内容包括：检查遥控器，检查飞机结构件是否牢固，检查螺旋桨是否正确，电机转向、遥控器混控设置是否正确，检查地面站上飞机数据是否正常。

7.2 联机调试

【学习目标】

1. 掌握地面站连接飞机后的磁罗盘校准操作。
2. 能够检查电机混控是否正确。

【建议学时】

1 学时。

【教具准备】

无人机 1 架、计算机、手机地面站软件、电池。

【学习过程】

1. 磁罗盘的作用

磁罗盘是用地磁传感器指示地球磁场水平分量方向的仪表。无人机通过地磁传感器感知实时地磁数据，与存储在计算机中的地磁基准图进行匹配来定位。磁罗盘就是一个电子指南针，它可以让驾驶者知道自己飞行的朝向和机头朝向，找到任务位置和起落的位置。

2. 在什么情况下需要校准磁罗盘

通常无人机上的电子部件被移动过、飞行器在空中原地画圈或经过较长距离的转场后需要校准磁罗盘，而在校准完成后没拆卸过、飞控升级固件后而并没有改变安装位置时不需要重新校准磁罗盘。

3. 校准磁罗盘的合格标准

为保证磁罗盘数据采集的准确，在校准期间应做到校准姿态正确。

第一步：水平校准数据采集，要求保持磁罗盘处于水平状态，以中心轴点为圆心操作飞行进行360°旋转，至少2次以上，旋转过程中保持飞机姿态不变，飞行速度适中。原则上速度越慢，采集的数据点越多，校准越准确。

第二步：垂直校准数据采集，要求保持磁罗盘处于垂直状态，以中心轴点为圆心操作飞行进行360°旋转，至少2次以上，旋转过程中保持飞机姿态不变，飞行速度适中。

第三步：上传采集数据到飞控，上传过程中要保持数据传送无干扰。

第四步：检查XY数值与ZY数值是否有断点、采集数据点是否不规则，如出现上述现象，需要重新校准。如果周边存在不明干扰源，应更换场地重新进行校准。

校准磁罗盘的结果如图7-1所示，其中：

如图7-1（a）所示为优秀，XY与ZY两组数据点重合度高且圆心规则。

如图7-1（b）所示为合格，两组数据点重合度低，表明校准时旋转不同心。另外，蓝色数据点有断点现象，表明校准时姿态不标准，原则上还需要重新校准。

如图7-1（c）所示为不合格，两组数据点严重不重叠且断点较多，主要原因是由于没有按照标准要求进行校准数据采集，此种校准结果时严禁进行飞行。

另外，在校准后如出现采集的数据点非常分散、无法集中，此类现象可能是磁罗盘自身故障或周边有干扰源造成，应考虑更换磁罗盘或场地重新进行数据采集。

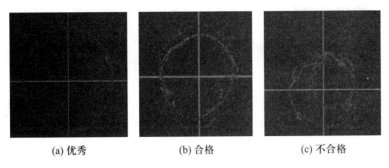

(a) 优秀　　　　　(b) 合格　　　　　(c) 不合格

图 7-1　磁罗盘校准结果（彩图）

4. 电机混控的检查步骤

第一步：遥控器对频后将模式切换到手动模式。

第二步：检查电机平衡性，轻推油门，检查电机转速是否同步（不同步需重新校准电调）。

第三步：检查各通道配合时电机旋转是否正确，如图 7-2 所示。

● 轻拨左副翼：通道 1、8、7、6 加速，通道 2、3、4、5 不动。
● 轻拨右副翼：通道 2、3、4、5 加速，通道 1、8、7、6 不动。
● 轻推升降舵：通道 4、5、6、7 加速，通道 3、2、1、8 不动。
● 轻拉升降舵：通道 3、2、1、8 加速，通道 4、5、6、7 不动。
● 轻拨右方向舵：通道 1、3、5、7 加速，通道 2、4、6、8 不动。
● 轻拨左方向舵：通道 2、4、6、8 加速，通道 1、3、5、7 不动。

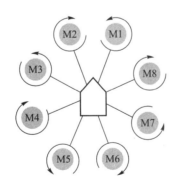

图 7-2

7.3 航线规划

【学习目标】

能够完成对地面站地图上随机位置的扫描航线，要求覆盖整个地块并预留出安全距离，间隔 5 m、高度 3 m、航速 4.8 m/s。

【建议学时】

1 学时。

【教具准备】

无人机 1 架、计算机、手机地面站软件、电池。

航线规划首先是飞行前预规划，即根据既定任务，并结合环境限制与飞行约束条件，从整体上制定最优参考路径；其次是飞行过程中的重规划，即根据飞行过程中遇到的突发状况，如地形、气象变化、未知限飞因素等，局部动态地调整飞行路径或改变动作任务。

【学习过程】

1. 航线规划

航线设计分为单点编辑（图 7-3）和自动生成扫描航线（图 7-4）两种方式。

 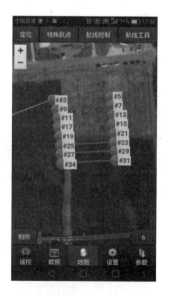

图 7-3 单点编辑航线（彩图）　图 7-4 自动生成的扫描航线（彩图）

无论是设计单点编辑航线还是自动生成扫描航线都需要先建立航点：单击"地图"界面（图7-5）右上角的"航线工具"按钮，弹出"地图工具选择"对话框，勾选"航线设计"选项，单击"确认"按钮，如图7-6所示。

图7-5　航线规划（彩图）　　图7-6　地图工具选择　　图7-7　编辑航线（彩图）

2. 生成航线

① 在预期的地点单击屏幕生成航点。

② 上传航线：航线设置好后，单击"地图"界面右上角的"航线工具"按钮，弹出地图工具选择对话框，勾选"上传航线"选项。蓝色点为上传完成的航点，黄色点为正在上传的航点，橙色点为未上传的航点，当航点全部变为蓝色则航线上传成功。

③ 勾选"验证航线"选项，对上传的航线进行验证。当飞控存储的航线和地面站航线一致时，表示航线检查无误，否则需要重新上传。注意：如果上传过程中有个别航点遗落（未变蓝色），可通过勾选"单点上传"选项进行单点编辑航线。

3. 航线飞行

自动飞行：飞机自动按航线飞行，不需要驾驶员操作摇杆。
半自动飞行：飞机按照航线飞行，需操作人员控制。

4. 退出航线

在遥控器上拨动开关退出自动导航，或在地面站上操作退出航线。

5. 航线飞行时的注意事项

航线飞行时应注意航线内是否有无障碍物影响飞机安全，无人机的飞行速度、横移间隔设置是否合理。

8 无人机的组装与保养

无人机作为一个新的高科技产品，除了要按照正确的方式操作和使用以外，日常的维护保养和检查也至关重要。在每次飞行后都应该对飞行器进行全面细致的检查，及时发现并处理隐患，无人机是一种长期、可重复使用的工具。在多次使用后，一些重要设备容易出现问题，所以重要的设备需要定期检修，避免因长时间使用造成的损坏。

【学习目标】

1. 掌握多旋翼无人机的组装。
2. 了解维护保养对无人机的重要性。
3. 熟悉无人机维修保养的检查项目。
4. 具备无人机日常维修检查能力。

【建议学时】

6 学时。

8.1 多旋翼无人机组装

【学习目标】

1. 了解多旋翼无人机的结构，认识无人机的组成部件，知道各个部件在无人机上的作用。

2. 了解各部件的工作原理，具备多旋翼无人机常见故障分析与维修能力。

3. 能够使用教学设备，将无人机整体拆解，将部件逐一检查后组装，并调试达到正常状态。

4. 正确画出如图 8-1 所示的飞行控制系统、接收机、电子调速器、电机、机载电台、GPS 天线、电池的连线顺序。

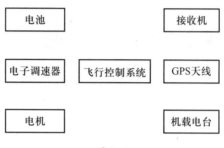

图 8-1

【建议学时】

3 学时。

【教具准备】

无人机 1 架。

【学习过程】

① 多旋翼无人机的组成部分包括动力、机身结构、控制、载荷几个部分。

② 机身是连接航空器机翼、尾翼、起落架等构件，并平衡航空器载荷的主体结构，主要由机架、中心板、起落架、各型连接/紧固五金组件和外观部件（比如电池盖）等部分组成。

● 机架（图 8-2）的主要功能是装载各类设备、动力电池或燃料，同时它是其他结构部件的安装基础，用以将支臂、起落架、云台等连接成一个整体。

● 支臂（图 8-3）是机架结构的延伸部分，用以扩充轴距、安装动力电机。

● 中心板（图 8-4）是无人机飞控系统的主要载体，中心板内置电路，飞控、电调等信号和电源线均是通过中心板相连接的。

● 起落架（图 8-5）是供航空器在地面运动和停放时支撑机体，并减轻着陆撞击的部件，还具有保护下方任务设备的功能。

③ 螺旋桨、无刷电机、电子调速器、锂电池、接收机型号分类和工作原理。

● 螺旋桨的型号有两个重要的参数：桨的直径和螺距，单位通常用 in[①]。比如 2065 桨，即桨的直径是 20 in，螺距则为 6.5 in。螺距代表的是螺

---

① 英寸不是我国法定计量单位，1 in=25.4 mm。

旋桨旋转一周飞机沿轴向前进的距离。

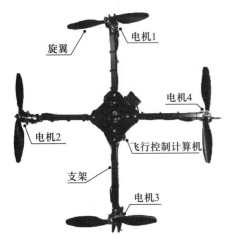

图 8-2 机架

图 8-3 支臂

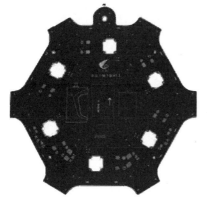

图 8-4 中心板

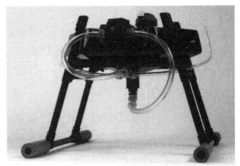

图 8-5 起落架

　　直径：桨的直径是指螺旋桨转动所形成的圆的直径。

　　螺距：假设螺旋桨在一种不能流动的介质中旋转，那么螺旋桨每转一圈，就会向前进一个距离，即一定半径处母线上一点绕轴线一周，沿轴向前进的距离。

　　● 电机的型号一般是 4 位数字，比如 7015、2204、7010 等。对于无刷电机，这组数字的前两位代表了定子的直径，后两位代表定子的高度，单位 mm。简单地说，前面两位的数值越大，电机直径越大，后面两位的数值越大，电机的高度就越高。

　　● 无刷电机 KV 值是指，输入电压增加 1 V，无刷电机空转转速增加的转速值。

● 电子调速器简称电调，作用是根据飞控的控制信号，将电池的直流输入转变为一定频率的交流输出，通过改变电压来控制电机转速。

● 锂电池特性。电池是电动无人机的能量来源。目前无人机上比较普遍使用的是锂离子电池，简称锂电。锂电所用的正极材料分为钴酸锂、锰酸锂、三元材料和磷酸铁锂材料，负极材料为石墨。电池主要的构造包括有正极、负极与电解质三项要素，是以可发生锂离子嵌入/脱嵌反应的材料为正极和负极活性物质、使用含锂盐的有机电解液或聚合物电解质的电池系统。Lipo锂聚合物电池，空载状态下单片额定电压3.7 V，满电电压4.2 V（4.15 ~ 4.18 V），保存电压3.85 V，放电截止电压3.7 V。

④ 多旋翼无人机任务载荷主要分为航拍航测类、植保类、电力巡检用、安防警用等。

● 航拍类的无人机任务载荷主要就是云台和拍摄器材，包含三轴稳定云台、运动相机、单反相机、专业摄像机；航测类任务载荷主要包含航测云台、专业单反相机等。

● 植保类无人机任务载荷主要由植保药箱、加压泵、管路与喷嘴组成。

● 线路巡检类无人机任务载荷和航拍航测类无人机任务载荷类似，都是以影像系统为主。

● 安防警用类无人机任务载荷一般包括三维激光遥感扫描系统、红外热成像摄像仪、高倍变焦摄像机等设备。

⑤ 将如图8-6所示的无人机构件进行组装，组装完成的多旋翼无人机如图8-7所示。

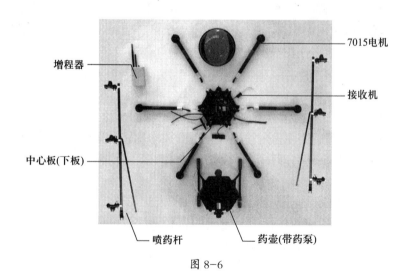

图 8-6

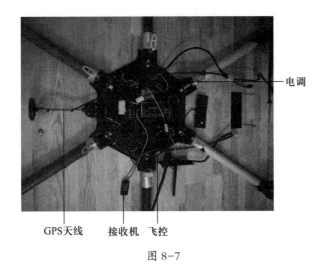

图 8-7

8.2 多旋翼无人机保养

【学习目标】

1. 熟悉并掌握机身部分的检查项目。
2. 了解无人机控制部分的维护注意事项。

【建议学时】

1 学时。

【教具准备】

整机套装、清洗工具。

在日常使用过程中需要对无人机整体进行维护保养，每一次飞行任务结束后，及时彻底地进行检查排故。根据无人机的使用频繁程度，每一月或每一季度需要做一次大的维护保养，将隐患消除在萌芽状态。

【学习过程】

① 对机身的上板、下板及机臂部分进行清洁，检查起落架紧固部分，检查机臂裂痕处理，检查机臂折叠件（机臂螺栓、圆柱销、扳手连杆），检查螺栓的紧固力度，检查电机座体裂纹和变形程度。

② 对飞机主体内部进行除尘处理；检查 GPS 支架是否松动，如有松动进行紧固处理；对 GPS 方向及黏接进行检查并处理相关问题。

③ 对机体内部插头接线逐一进行检查处理，电机与电调接线及焊接部分检查处理，电机磨损、虚位检查处理，电机内部腐蚀情况及内部除尘处理，机身内部防水硅胶涂打检查处理。

④ 锂电池的维护保养方法。需要了解电池满电、保存电压、放电截止电压、过放电电压，对于 25 C 以上的高放电倍数电池尽可能随用随充，不在满电的情况下存放过长时间；如果是 1 C 的电池充电，对于 16000 mA·h 电池的充电电流为 16 A，2 C 的电池充电，充电电流为 32 A。放电至单节电池的电压为 3.6 ~ 3.7 V 时停止放电，飞行时总电压 22.0 V 开始返航降落，21.6 V 为飞行极限电压（此时必须马上就地降落）。放电完毕后或 1 ~ 2 天未用的满电电池需使用充电器的维护功能，将电池放电至单节电压 3.85 V 左右；对于一个月未使用的电池，需进行至少一个充放电循环（从 3.8 V 充电至 4.2 V，再放电至 3.85 V）的处理；养成记录电池内阻的习惯，当内阻明显增大时表示电池衰退，应缩短飞行时间。性能严重下降的电池应停止使用，并且放电至 3.0 ~ 3.85 V（降低内部能量）后交由专门回收部门进行回收处理，平时锂电池必须存放在专用锂电池保护箱内，长途运输电池时应将单节电池放电至 3.85 V。

⑤ 对遥控器进行清洁处理，外观和内部通道检查，接收机天线检查处理，测试遥控器是否能够连接并正常使用；对外部电台进行清洁及连接检查处理。

8.3　无人驾驶航空系统维护

【学习目标】

1. 了解无人机维护及保养的重要性。

2. 熟悉旋翼无人机基础保养例行项目，以及保养过程中的注意事项。

3. 理解对无人机设备进行保养的必要性，以及因维护不力对无人机造成的损失。

4. 掌握外场飞行后如何对无人机进行周期性维护记录，并对排查出的故障进行检测及维修（表 8-1）。对于已造成飞行事故的无人机填写事故分析报告，并以小组形式讨论事故原因及后续注意事项。

【建议学时】

2 学时。

【教具准备】

教学无人机 1 架、常用工具 1 套。

无人机设备在实际使用过程中，对无人机进行常规养护应占到飞行保障工作量的 70%。由此可见，为保障航空设备的安全飞行，设备的维护与保养工作十分重要。

表 8-1　维修记录单

飞行环境		飞行人员	
机型		任务挂载	
购机日期		报修日期	
故障描述	描述人：		
技术数据分析摘要			
故障原因			
事故分析人		日期	
备注：			
试飞测试重点			
1		测试员	
2		测试员	
事故原因总结报告			
参与人		日期	

【学习过程】

无人机属于精密器械，任何部件的微小变动都会影响无人机的飞行状态和使用寿命。因此，不仅在使用、转运和存放的过程中应该小心谨慎，日常的保养工作也非常重要，甚至在很大程度上决定了无人机的使用寿命和性能。无人机例行保养项目主要包括清洁、紧固、检测等内容。

1. 整机清洁

周期：飞行期间必须每天清洁，非作业期间可每周清洁一次。

要点：主要是对机身主体进行清洁，如螺旋桨、中心板、机臂、外接设备的清洁。清洁过程中注意观察螺旋桨的完整度、是否开裂等情况，检查固定螺丝是否有松脱等现象。

2. 螺旋桨固定情况

周期：飞行期间每天检查确认，非作业期间可每周检查确认。

要点：检查螺旋桨各个螺栓状况，螺栓的固定情况，查看桨叶是否松动。

3. 电机晃量

周期：飞行期间每天必须检查确认，非作业期间可每周检查确认。

要点：检查电机横向是否有晃量，上下是否有松动。如晃量很大或上下松动明显，建议马上更换电机。

4. 电池

周期：飞行期间每天检查确认，非作业期间可每周检查确认。

要点：检查电池电线是否存在破损，电池是否有膨胀，电池电压是否正常。

5. 遥控器清洁、检查

周期：飞行期间每天进行清洁和检查，非作业期间可每周进行一次。

要点：遥控器在使用和存放时应注意防潮、防尘、防暴晒，可以使用风枪对遥控器进行清洁；检查遥控器的各个操纵杆、按键是否正常工作。

6. 线路检查

周期：飞行期间建议每周检查。

要点：检查线路是否存在破损、受腐蚀的状况。

7. 数据检查

在每次飞行前应对飞机的所有数据进行检查，要求所有数据处在正常值范围，并对需要校准的数据进行采集，保障回传数据正常，还应测试数据回传距离。

周期：每次飞行前进行检查。

要点：做好全部数据检查，并做好相关记录，保证回传数据正常接收。

小提示：

《民用无人驾驶航空器系统驾驶员管理暂行规定》中的相关内容。

1. 常规要求

下面的操作限制适用于所有的无人机系统驾驶员：

（1）每次运行必须事先指定机长和其他机组成员；

（2）驾驶员是无人机系统运行的直接负责人，并对该系统操作有最终决定权；

（3）驾驶员在无人机飞行期间，不能同时承担其他操作人员职责；

（4）未经批准，驾驶员不得操纵除微型以外的无人机在人口稠密区作业；

（5）禁止驾驶员在人口稠密区操纵带有试飞或试验性质的无人机。

2. 运行中机长要求

（1）在飞行作业前必须已经被无人机系统使用单位指定；

（2）对无人机系统作业在规定相应技术条件下负责；

（3）对无人机系统是否作业在安全的飞行条件下负责；

（4）当出现可能导致危险的情况时，必须尽快确保无人机系统安全回收；

（5）在飞行作业的任何阶段有能力承担驾驶员的角色；

（6）在满足操作要求的前提下可根据需要转换职责角色；

（7）对具体无人机系统型号必须经过培训取得资格方可进行飞行。

3. 运行中其他驾驶员要求

（1）在飞行作业前必须已经被使用单位指定；

（2）在机长的指挥下对无人机系统进行监控或操纵；

（3）协助机长进行：避免碰撞风险、确保运行符合规则、获取飞行信息、进行应急操作。

操作手册

1. 熟悉所使用的飞机

学习目标	1.通过对尾悬停训练，感受外场真实环境中操纵飞机的打杆量； 2.能够操作无人机保持对尾姿态悬停在目标点上方
教具准备	无人机（零度飞控为例）1架、遥控器1个、标志筒1个
建议学时	2

1.首次飞行把飞机控制在距自己合适的位置

飞机正常的飞行高度与水平视线夹角应该小于60°，微微仰视，距离操作者大于5 m，这样能获得一个比较好的观察角度和安全范围	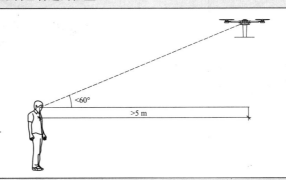

2.起飞后保持无人机对尾姿态悬停，试打舵观察飞机的反应，保持小舵量操作，前后左右平移无人机

（1）推拉升降舵、副翼两个操作杆，感受飞机的移动 左右拨动副翼摇杆，体会杆的移动距离和飞机的实际位置，以及与飞机姿态改变之间的关系	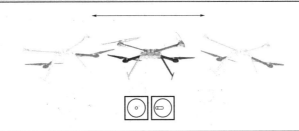
前后推拉升降舵摇杆，体会杆的移动距离和飞机实际位置，以及与飞机姿态改变之间的关系，同时适应略微仰视的视角	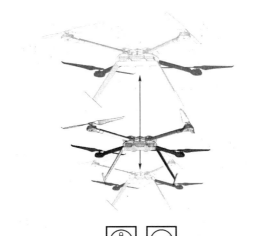

（2）逐渐减小打舵的量和频率，再次体会打舵量和飞机移动之间的关系	

3.保持无人机对尾姿态悬停在目标点上方，体会"揉舵"操作

用最少的操作次数，平滑操作使飞机悬停在目标点上方	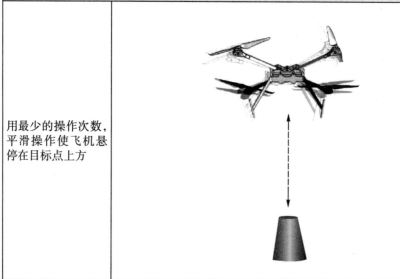

小提示：在某个姿态下，只有操作飞机能够前后左右熟练地平移了，才可以完成这个姿态的练习

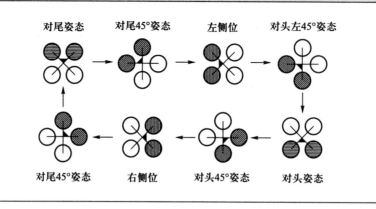

学习记录和思考

学习记录		
序号	项目	评价
1	调整飞行高度	能很好地控制*
2	副翼控制飞机左右平移	飞机有些漂移*

3	升降舵控制飞机前后平移	能很好地控制*
4	反复操作平移练习	旋转过程中有漂移*

1. 标出飞机实际位置

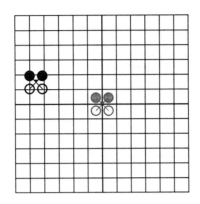

在图中标出旋转过程中飞机的实际位置，网格一格为 0.5 m（图中灰色图形表示中心位置，黑色图形为应该标出的飞机实际位置*）

2. 思考解决办法

在依靠副翼左右平移时，也需要升降舵的介入，才能保证水平的平移。在升降舵前后平移时，同样需要副翼的辅助，才能保证前后的直线平移*

要求：飞机在平移过程中，偏离平移轴线的距离控制在 0.5 m 以内

3. 检查自己的基本功差在哪里

要求：如果不能达到满意的飞行效果，需要在模拟器中进行 B—B1 和 D—D1 的平移练习

说明：表中*内容为示例，请根据实际情况进行填写。

2. 悬停技术

【学习目标】

1. 能够操作无人机完成水平任意角度的悬停。

2. 能够操作无人机完成水平顺时针、逆时针两个方向的 360° 旋转。

2.1 加入方向舵

学习目标	完成对尾 45° 姿态悬停
教具准备	无人机 1 架、遥控器 1 个、标志筒 1 个
建议学时	2
学习重点	对尾姿态

1. 在能够小舵量操作飞机对尾姿态悬停的基础上，加入方向舵的操作，慢慢地按逆时针方向旋转 45°	
体会旋转过程中飞机所受离心力对飞机产生的影响	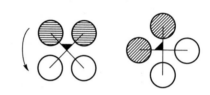
2. 无人机保持对尾 45° 姿态悬停 5 s	
按逆时针方向操作无人机旋转 45° 后停止旋转，把飞机停到目标点上方悬停 5 s	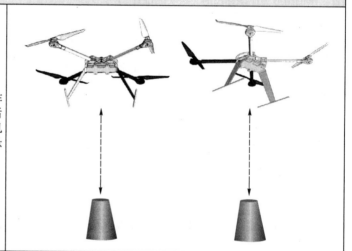
3. 反复操作无人机按逆时针方向进行 45° 旋转，直至旋转过程不出现偏移	
	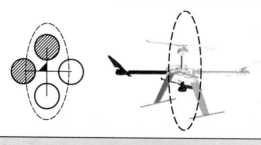
小提示：45° 姿态时可以看到飞机机臂处前后为直线状并两边对称	

2.2 不一样的操作方式

学习目标	完成对头姿态悬停
教具准备	无人机 1 架、遥控器 1 个、标志筒 1 个
建议学时	2
学习重点	对头姿态

1. 操作无人机在对尾 45° 姿态悬停的基础上，按逆时针方向慢速旋转到对头姿态，旋转过程中观察飞机的偏移

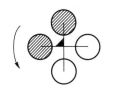

2. 熟悉无人机对头姿态悬停的操作，在目标点上方悬停，直到用最少的操作次数，平滑地操作飞机悬停在目标点上方

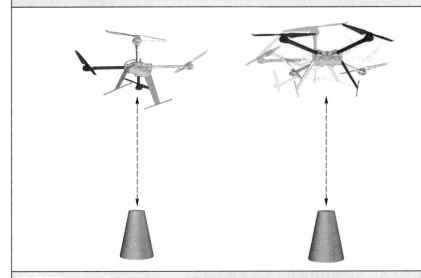

课后问题：对头姿态悬停与对尾姿态悬停的操作有何不同

学习记录和思考

学习记录		
序号	项目	评价
1	对尾 45° 姿态悬停 5 s	

2	向右操作方向舵，飞机逆时针方向旋转至对头姿态	
3	对头姿态悬停 5 s	
4	反复操作平移练习	

1. 标出飞机实际位置

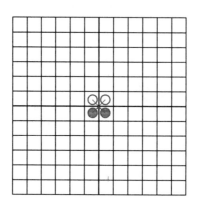

2. 思考解决办法

由于离心力的影响，在旋转过程中飞机会沿远离圆心的轨迹运动，所以在此过程中把点碰左副翼的时间延长一些 *

要求：飞机旋转过程中，自身位置移动范围控制在 0.5 m 以内，旋转至对头姿态后能够在起始位置悬停（网格一格为 0.5 m）

3. 检查自己的基本功差在哪里

要求：如果不能达到满意的飞行效果，需要在模拟器中进行对头姿态悬停的练习

说明：表中 * 内容为示例，请根据实际情况进行填写。

2.3 左半圆对头 45° 姿态悬停

学习目标	完成左半圆对头 45° 姿态悬停
教具准备	无人机 1 架、遥控器 1 个、标志筒 1 个
建议学时	4
学习重点	开始默想

1. 操作无人机在对头姿态悬停的基础上，慢速自旋 45° 到左半圆对头 45° 位置悬停 5 s

2. 反复操作无人机进行 45° 旋转

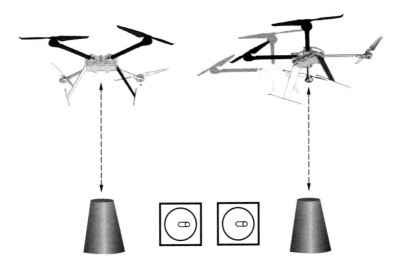

多旋翼无人机在对头姿态按顺时针方向旋转的时候，受离心力的影响会往外偏离，此时需要向右微微压副翼，抑制住飞机的飘移，通过反复练习，建立起打舵量大小与飞机偏移量之间的关系。这个过程中，转动速度越快，打舵量就越大

小提示：飞机转到 45° 对角姿态，需要同时操作升降舵和副翼，才能保持无人机前后左右进行直线飞行

学习记录和思考

学习记录		
序号	项目	评价
1	对头姿态悬停 5 s	
2	向左操作方向舵，无人机按顺时针方向旋转至对头 45° 姿态	
3	保持对头 45° 姿态悬停 5 s	
4	反复操作进行旋转练习	
1.标出飞机实际位置		

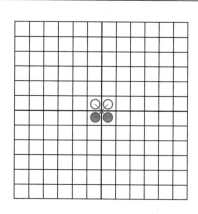

2.思考解决办法

要求：飞机在旋转过程中，自身位置移动范围控制在 0.5 m 以内，旋转至对头 45° 姿态后悬停（网格一格位置为 0.5 m）

2.4　左半圆侧位悬停

学习目标	完成左半圆侧位悬停
教具准备	无人机 1 架、遥控器 1 个、标志筒 1 个
建议学时	4
学习重点	整体观察

1.操作无人机在对头 45° 姿态悬停位置继续按顺时针方向旋转 45° 至左侧位悬停 5 s
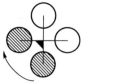
2.反复操作无人机进行 45° 旋转

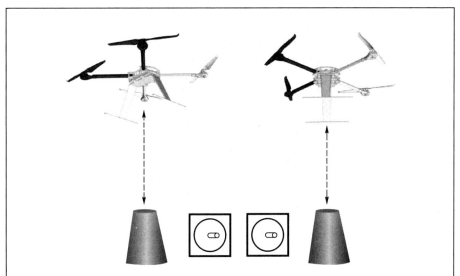

多旋翼无人机在对头姿态按顺时针方向旋转的时候，受离心力的影响会往外偏离，此时需要向右微微压副翼，抑制住飞机的飘移，通过反复练习，建立起打舵量大小与飞机偏移量之间的关系。这个过程中，无人机转动速度越快，打舵量就越大

小提示：逐步体会把飞机做为一个整体进行观察，而不是单独观察飞机的某一个舵面

学习记录和思考

学习记录		
序号	项目	评价
1	对头 45° 姿态悬停 5 s	
2	向左操作方向舵，无人机按顺时针方向旋转至左侧位	
3	侧位悬停 5 s	
4	反复操作进行旋转练习	
1. 标出飞机实际位置		

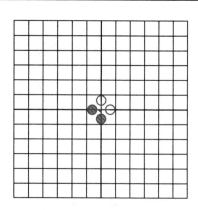

2. 思考解决办法
要求：飞机在旋转过程中，自身位置移动范围控制在 0.5 m 以内
3. 检查自己的基本功差在哪里
要求：如果不能达到满意的飞行效果，需要在模拟器中进行侧位悬停和采用侧向姿态进行平移的练习

2.5　自旋 1/2 圆

学习目标	完成左半圆自旋
教具准备	无人机 1 架、遥控器 1 个、标志筒 1 个
建议学时	4
学习重点	看参照物

1. 把第 2.1—2.4 的练习步骤连续起来进行，每个步骤可以停留 1 s

2. 操作无人机从对尾姿态连续转到对头姿态，再从对头姿态重新转回到对尾姿态	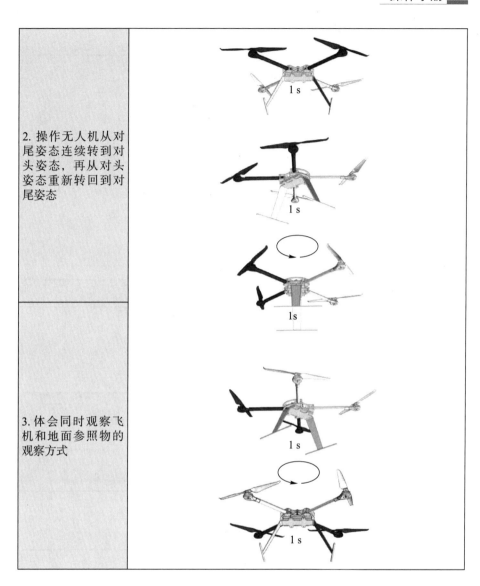
3. 体会同时观察飞机和地面参照物的观察方式	

学习记录和思考

学习记录		
序号	项目	评价
1	对尾姿态悬停 5 s	
2	向左操作方向舵，无人机每旋转 45° 停留 5 s	
3	对头姿态悬停 5 s	
4	反复操作进行旋转练习，直至在每处停留 1 s	

1. 标出飞机实际位置
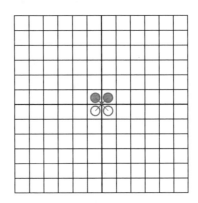

2. 思考解决办法
要求：飞机在旋转过程中，自身位置移动范围控制在 0.5 m 以内

3. 检查自己的基本功差在哪里
要求：如果不能达到满意的飞行效果，需要在模拟器中进行八位悬停练习

2.6 右半圆对尾45° 姿态悬停

学习目标	完成右半圆对尾45° 姿态悬停
教具准备	无人机1架、遥控器1个、标志筒1个
建议学时	4
学习重点	看参照物整体观察

1. 操作无人机在对尾姿态按顺时针方向旋转到右半圆对尾45° 姿态悬停 5 s

2. 反复操作无人机进行 45° 旋转

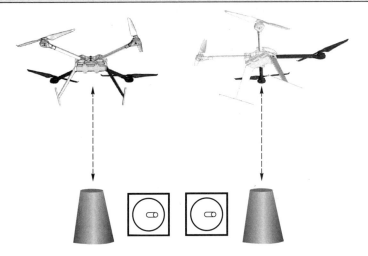

在副翼打舵过程中，一旦发现飞机出现向中心点偏移的趋势，要及时回舵，打舵的操作要做到收放自如。同样，对于升降舵和油门舵的修正也是如此，需要反复练习，形成一种本能的操作反应

小提示：逐步体会将飞机向标志筒靠的主动控制方式，始终将飞机和标志筒视为一个整体进行观察，而不能仅仅盯着飞机看

学习记录和思考

序号	项目	评价
	学习记录	
1	对尾姿态悬停 5 s	
2	向右操作方向舵，无人机按顺时针方向旋转至对尾 45° 姿态悬停	
3	对尾 45° 姿态悬停 5 s	
4	反复进行旋转练习	
1. 标出实际飞行位置		

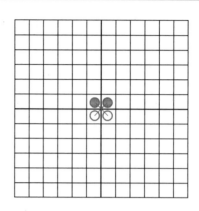

2.思考解决办法
要求：飞机在旋转过程中，自身位置移动范围控制在 0.5 m 以内
3.检查自己的基本功差在何处
要求：如果不能达到满意的飞行效果，需要在模拟器中进行对尾 45° 平移的练习

2.7 右半圆右侧位悬停

学习目标	完成右半圆右侧位悬停
教具准备	无人机 1 架、遥控器 1 个、标志筒 1 个
建议学时	4
学习重点	主动控制

1.操作无人机在右半圆对尾 45° 姿态按顺时针方向旋转 45° 至右侧位悬停 5 s

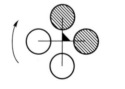

2.反复操作无人机进行 45° 旋转

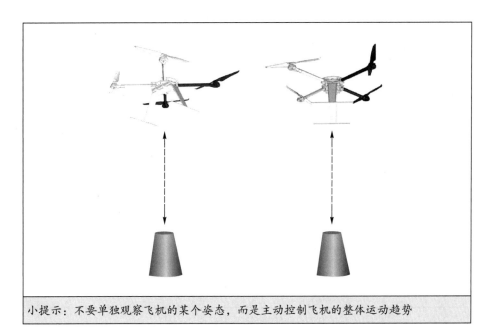

小提示：不要单独观察飞机的某个姿态，而是主动控制飞机的整体运动趋势

学习记录和思考

学习记录		
序号	项目	评价
1	对尾姿态悬停 5 s	
2	向右操作方向舵，飞机顺时针旋转至右侧位	
3	侧位悬停 5 s	
4	反复操作进行旋转练习	

1. 标出飞机实际位置

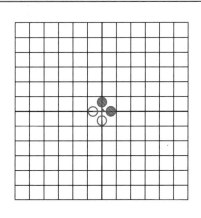

2. 思考解决办法
要求：飞机在旋转过程中，自身位置移动范围控制在 0.5 m 以内
3. 检查自己的基本功差在哪里
要求：如果不能达到满意的飞行效果，需要在模拟器中进行对尾右 45°姿态悬停和采用侧位姿态完成平移的练习

2.8　右半圆对头 45°姿态悬停

学习目标	1. 完成右半圆对头 45°姿态悬停； 2. 完成 7/8 圆自旋
教具准备	无人机 1 架、遥控器 1 个、标志筒 1 个
建议学时	4
学习重点	余光观察

1. 操作无人机在右侧位悬停，按顺时针方向旋转 45°至对头 45°姿态悬停 5 s
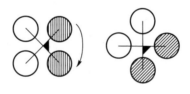
2. 反复操作无人机进行 45°旋转

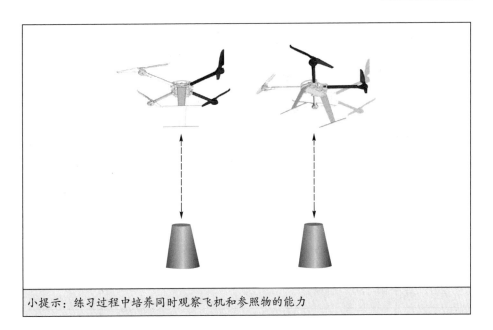

小提示：练习过程中培养同时观察飞机和参照物的能力

学习记录和思考

学习记录		
序号	项目	评价
1	右侧位悬停 5 s	
2	向左操作方向舵，飞机按顺时针方向旋转 45°	
3	保持对头 45° 姿态悬停 5 s	
4	反复操作进行旋转练习	

1. 标出飞机实际位置

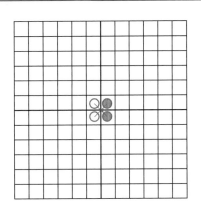

2.思考解决办法
要求：飞机在旋转过程中，自身位置移动范围控制在0.5 m以内
3.检查自己的基本功差在哪里
要求：如果不能达到满意的飞行效果，需要在模拟器中进行对头右45°悬停和平移的练习

2.9 右半圆180° 自旋

学习目标	完成右半圆180° 自旋
教具准备	无人机1架、遥控器1个、标志筒1个
建议学时	4
学习重点	习惯默想

1.将第2.6—2.8练习的步骤连续起来操作，每个步骤间停留1 s
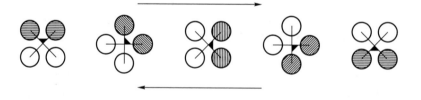
2.操作无人机在对尾姿态连续旋转至对头姿态，再从对头姿态旋转回到对尾姿态

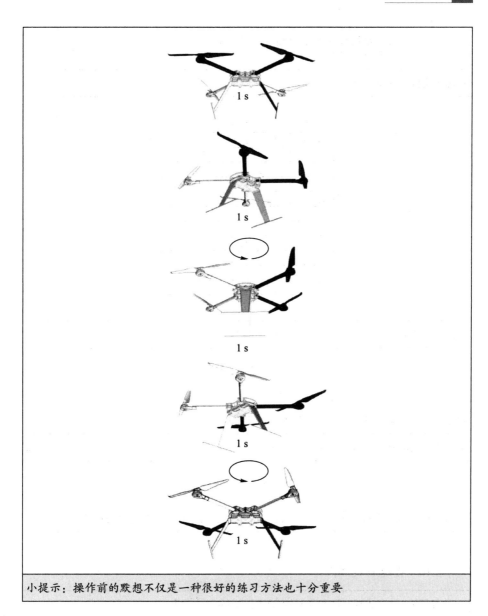

小提示：操作前的默想不仅是一种很好的练习方法也十分重要

学习记录和思考

学习记录		
序号	项目	评价
1	对尾姿态悬停 5 s	
2	向右操作方向舵，无人机每旋转 45° 停留 5 s	
3	对头姿态悬停 5 s	

4	反复操作进行旋转练习，逐步将停留时间缩短为 1 s	

1. 标出飞机实际位置

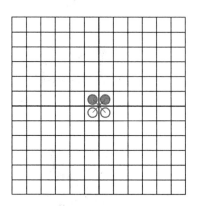

2. 思考解决办法

要求：飞机在旋转过程中，自身位置移动范围控制在 0.5 m 以内

3. 检查自己的基本功差在哪里

要求：如果不能达到满意的飞行效果，需要在模拟器中进行八位悬停的练习

2.10　慢速自旋 360°

学习目标	完成顺时针和逆时针方向慢速 360° 自旋
教具准备	无人机 1 架、遥控器 1 个、标志筒 1 个
建议学时	10
学习重点	控制节奏

1. 操作无人机按照八位旋转的操作在每个位置悬停 1 s

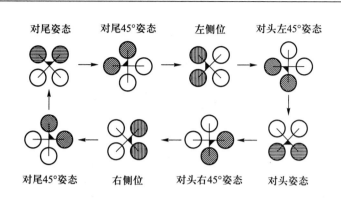

对尾姿态	对尾45°姿态	左侧位	对头左45°姿态
对尾45°姿态	右侧位	对头右45°姿态	对头姿态

2. 操作无人机按照八位旋转的操作对自旋过程进行修正，完成自旋360°

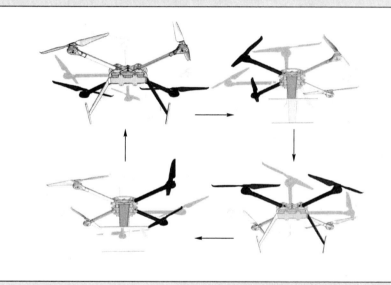

小提示：在旋转过程中把握好四个位置对飞机进行修正，保持一定的转动节奏

学习记录和思考

学习记录		
序号	项目	评价
1	对尾姿态悬停 5 s	
2	向左操作方向舵，无人机每旋转45° 停留 5 s	
3	反复操作进行旋转练习，逐步将停留时间缩短为 1 s	
1. 标出飞机实际位置		

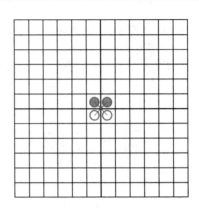

2.思考解决办法
要求：飞机在旋转过程中，自身位置移动范围控制在 0.5 m 以内
3.检查自己的基本功差在哪里
要求：如果不能达到满意的飞行效果，需要在模拟器中进行四位悬停和八位悬停的练习

3. 外场航线飞行

3.1   速度控制

学习目标	完成侧位匀速直线航线
教具准备	无人机 1 架、遥控器 1 个、标志筒 7 个
建议学时	4
学习重点	提前观察
1.选取两个与自身平行、相距 30 m 的目标点	

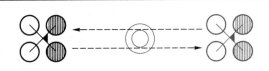

2.飞机右侧位悬停在左侧目标点

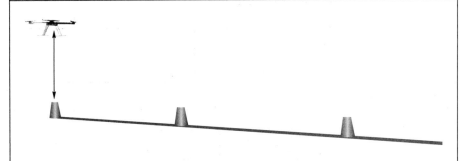

3.操作无人机匀速向前飞行，在目标点悬停 5 s

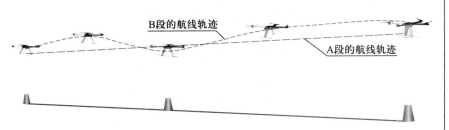

使用升降舵控制飞行速度，操作者只观察飞机的俯仰姿态的做法是错误的，应该同时观察飞机和周边的参照物，感受飞行的速度变化，速度慢推升降舵，速度快拉升降舵。使用油门舵控制飞行高度，开始练习的时候飞行轨迹可能类似 B 段的航线轨迹忽高忽低，操作者应努力尝试主动控制油门，让飞行轨迹逐步接近等高的 A 段航线轨迹。飞行过程中，油门舵修正的频率甚至会高于升降舵和副翼的操作频率

4.在两个目标点之间再加入两个目标点，重复进行第 3 步的操作，经过中间点减速不停留，努力提高升降舵的操作精准度

飞行轨迹要和地面平行，经过每个目标点时与地面标志筒修正飞行的速度和高度，可以使操控更加精确

5.采用后退飞行的方式进行上述四个步骤的练习

操作无人机进行后退飞行时，也要进行双方向的练习，培养操作者左右两边的操控精准度

小提示：体会飞行过程中提前观察目标点的作用

学习记录和思考

学习记录			
序号	项目		评价
1	左侧目标点保持右侧位悬停 5 s		
2	缓慢向右平移，运动轨迹尽量与中心轴线重合		
3	右侧目标点保持右侧位悬停 5 s		
4	向左退飞重复以上步骤		

1. 标出飞机实际位置

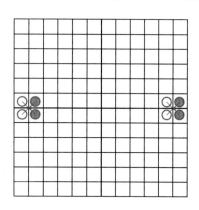

2. 思考解决办法

要求：飞机在旋转过程中，自身位置移动范围控制在 0.5 m 以内

3. 检查自己的基本功差在哪里

要求：如果不能达到满意的飞行效果，需要在模拟器中进行米字平移 D—D1 的练习

3.2 航点飞行

学习目标	能够在相应的目标点完成相应姿态的悬停
教具准备	无人机 1 架、遥控器 1 个、标志筒 7 个
建议学时	20
学习重点	提前观察

1. 操作无人机完成左侧位悬停

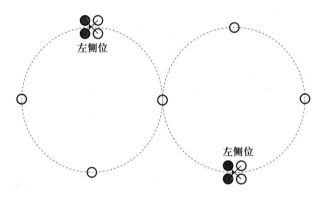

飞机到达目标点的航线可以是直线，也可以按照曲线飞过去，但是在目标点悬停的姿态一定要按照要求完成

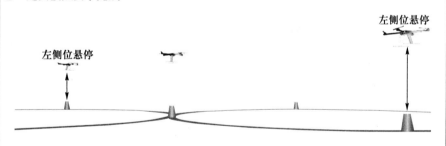

2. 操作无人机完成右侧位悬停

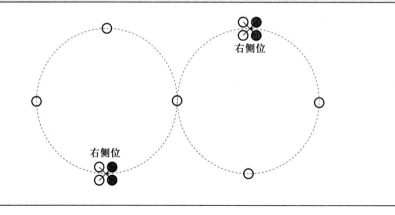

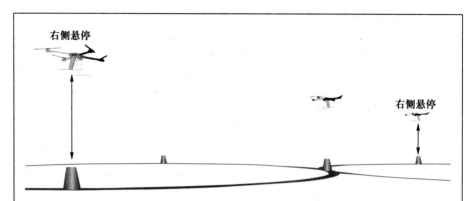

操作无人机在每个目标点保持悬停 30 s 以上，改变位置的悬停练习有助于更好地巩固悬停的基本功

3. 操作无人机完成对头姿态悬停

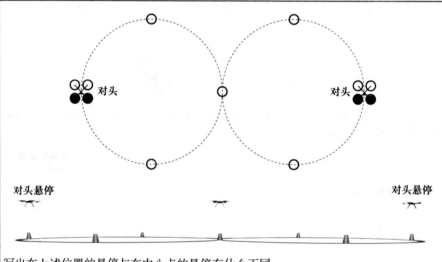

写出在上述位置的悬停与在中心点的悬停有什么不同

_____

_____

_____

_____

小提示：整体观察飞机的运动趋势

学习记录和思考

学习记录		
序号	项目	评价
1	左侧位的平移	
2	右侧位的平移	
3	对头姿态的平移	

1. 标出飞机实际位置

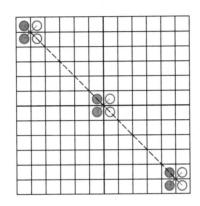

2. 思考解决办法

要求：飞机在旋转过程中，自身位置移动范围控制在 0.5 m 以内

3. 检查自己的基本功差在哪里

要求：如果不能达到满意的飞行效果，需要在模拟器中进行平移的练习

3.3 圆周航线

学习目标	能够匀速进行圆周航线的飞行
教具准备	无人机 1 架、遥控器 1 个、标志筒 7 个

建议学时	20
学习重点	保持清醒

1. 操作无人机进行左半圆 A—B 段弧线飞行，在 B 点保持左侧位悬停 10 s，使用升降舵和方向舵控制飞机速度和机头方向。飞抵 B 点时迅速停住，且机头指向正确

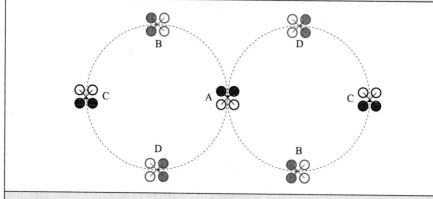

2. 按照 A—B 段飞行要求，完成 B—C 段、C—D 段、D—A 段弧线航线的飞行

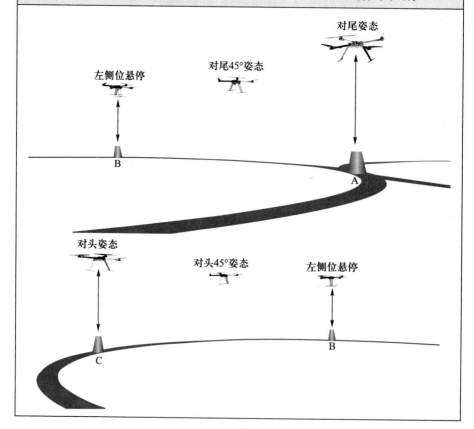

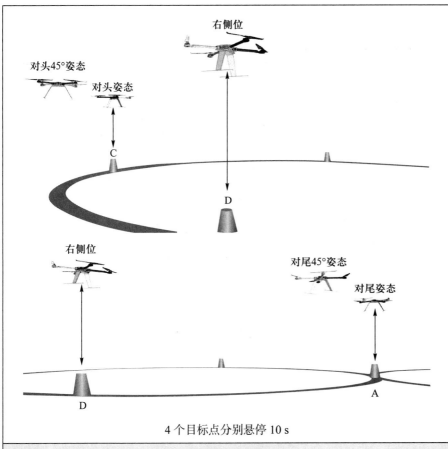

右侧位

对头45°姿态

对头姿态

C

D

右侧位

对尾45°姿态

对尾姿态

D

A

4个目标点分别悬停 10 s

3. 按照同样的操作要求，操作无人机完成右半圆航线飞行
4. 重复第 1—3 步骤的操作，驾驶者要关注副翼的操作，让每段弧线的飞行轨迹更加精准
5. 重复以上步骤，经过每个目标点不停留，减速经过即可
6. 反复练习，直至熟练掌握圆周航线飞行

学习记录和思考

学习记录		
序号	项目	评价
1	左（右）半圆 A—B（A—D）弧段飞行	
2	左（右）半圆 B—C（D—C）弧段飞行	

3	左（右）半圆C—D（C—B）弧段飞行	
4	左（右）半圆D—A（B—A）弧段飞行	

1.标出飞机实际位置

请在图中标出飞机的实际位置，网格一格为2 m（图中灰色图形表示中心位置）

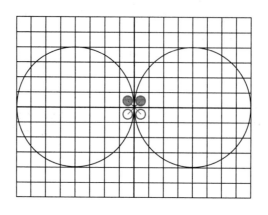

2.思考解决办法

要求：飞机在旋转过程中，自身位置移动范围控制在0.5 m以内

3.检查自己的基本功差在哪里

要求：如果不能达到满意的飞行效果，需要在模拟器中进行八位曲线平移的练习

4. 外场提高控制飞机能力

学习目标	能够完成图中三套平移路线的飞行，保持飞行高度一致，速度均匀
教具准备	无人机1架，遥控器1个，标志筒7个

建议学时	20
学习重点	灵活掌控

1. 操作无人机分别采用八种姿态沿 C—C1 做直线平移飞行，方向舵保持不动

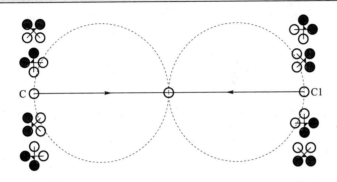

2. 操作无人机分别采用八种姿态沿 B—D1—B1—D 矩形轨迹平移飞行，保持飞行高度一致、速度均匀

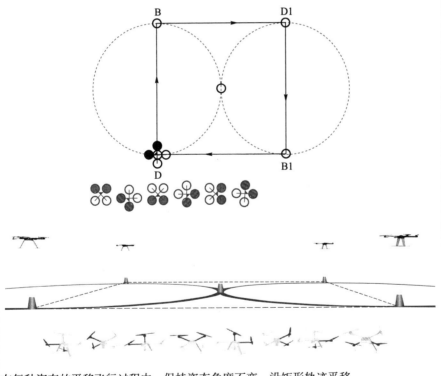

在每种姿态的平移飞行过程中，保持姿态角度不变，沿矩形轨迹平移

3. 操作无人机分别采用对左、对头、对右三种姿态沿 B—B1、C—C1、D—D1 航线飞行，保持飞行高度一致、速度均匀

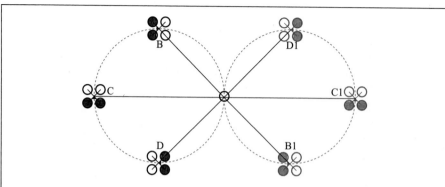

以对左姿态沿 B—B1 斜线平移，以对头姿态沿 C—C1 直线平移，以对右姿态沿 D—D1 斜线平移

小提示：在平移过程中，注意保持机头角度不变，体会姿态的视觉变化和操作舵配合的关系

参考文献

[1] 全国人民代表大会常务委员会. 中华人民共和国民用航空法：第56号主席令. 1995-10-30. 2017-11-04 修正.

[2] 中华人民共和国国务院，中华人民共和国中央军事委员会. 通用航空飞行管制条例：国务院、中央军委令第371号. 2003-05-01.

[3] 中华人民共和国国务院，中华人民共和国中央军事委员会. 中华人民共和国飞行基本规则：国务院、中央军委令第288号. 2000-07-24, 2007-10-18 修订.

[4] 中华人民共和国交通运输部. 通用航空经营许可管理规定：CCAR-135TR-R3. 2016-05-19.

[5] 中国民用航空局. 关于民用无人机管理有关问题的暂行规定：ALD2009022. 2009-07-09.

[6] 中国民用航空局. 民用无人机空中交通管理办法：MD-TM-2009-002. 2009-06-26.

[7] 中国民用航空局. 民用无人机适航管理工作会议纪要：ALD-UAV-01. 2012-01-13.

[8] 中国民用航空局. 关于民用无人驾驶航空器系统驾驶员资质管理有关问题的通知：民航发 [2015]34 号. 2015-04-23.

[9] 中华人民共和国国务院，中华人民共和国中央军事委员会. 低空空域使用管理规定（试行）（征求意见稿）. 2014-07-22.

[10] 中国民用航空局. 轻小无人机运行规定（试行）：AC-91-FS-2015-31. 2015-12-29.

[11] 中国民用航空局. 使用民用无人驾驶航空器系统开展通用航空经营活动管理暂行办法（征求意见稿）. 2015-12-30.

[12] 中国民用航空局飞行标准司. 民用无人机驾驶员管理规定: AC-61-FS-2016-20R1. 2016-07-11.

[13] 国家测绘地理信息局. 关于进一步做好无人飞行器航摄测绘资质审查有关工作的通知: 测管函 [2011]30 号. 2011-08-23.

[14] 国家测绘局, 国家保密局. 测绘管理工作国家秘密范围的规定: 国测办字 [2003]17 号. 2003-12-23.

[15] 国家测绘地理信息局. 测绘资质管理规定: 国测管发 [2014]31 号. 2014-07-01.

[16] CAA. Unmanned Aircraft System Operations in UK Airspace-Guidance: CAP 722. Sixth Edition. 2015-03-31.

[17] 中国航空器拥有者及驾驶员协会. 民用无人驾驶航空器系统驾驶员训练机构合格审定规则（暂行）. 2014.

[18] 中国民用航空局航空器适航审定司. 民用无人驾驶航空器实名制登记管理规定: AP-45-AA-2017-03. 2017-05-16.

[19] 张祖勋, 张剑清. 数字摄影测量学. 武汉: 武汉大学出版社, 2002.

[20] 中国气象局. 中国云图. 北京: 气象出版社, 2004.

[21] 李德仁, 王树根, 周月琴. 摄影测量与遥感概论. 北京: 测绘出版社, 2008.

[22] 孙毅. 无人机驾驶员航空知识手册. 北京: 中国民航出版社, 2014.

[23] 蔡志洲, 林伟, 等. 民用无人机及其行业应用. 北京: 高等教育出版社, 2017.

[24] 马轮基, 马瑞升, 林宗桂, 等. 微型无人机遥感应用初探. 广西气象, 2005, 26（增刊）I: 180-181.

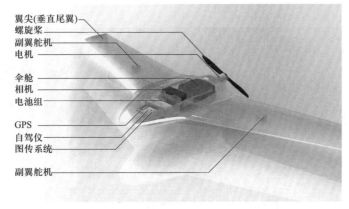

翼尖(垂直尾翼)
螺旋桨
副翼舵机
电机
伞舱
相机
电池组
GPS
自驾仪
图传系统
副翼舵机

图 2-2

图 3-1

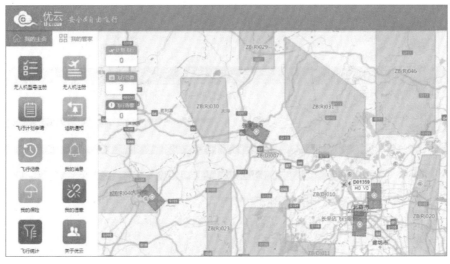

图 3-4

图 3-5

图 3-6

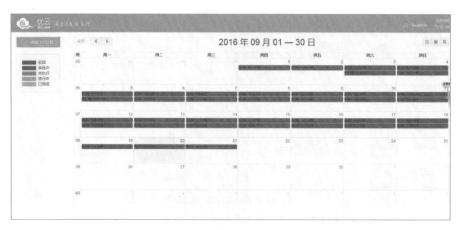

图 3-10

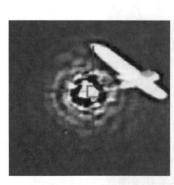

图 3-12

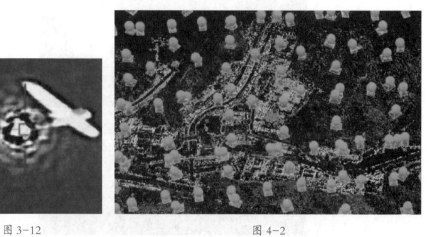

图 4-2

图 4-3

图 4-4

图 5-11

图 5-12

图 5-13

图 5-14

图 5-15

图 5-16

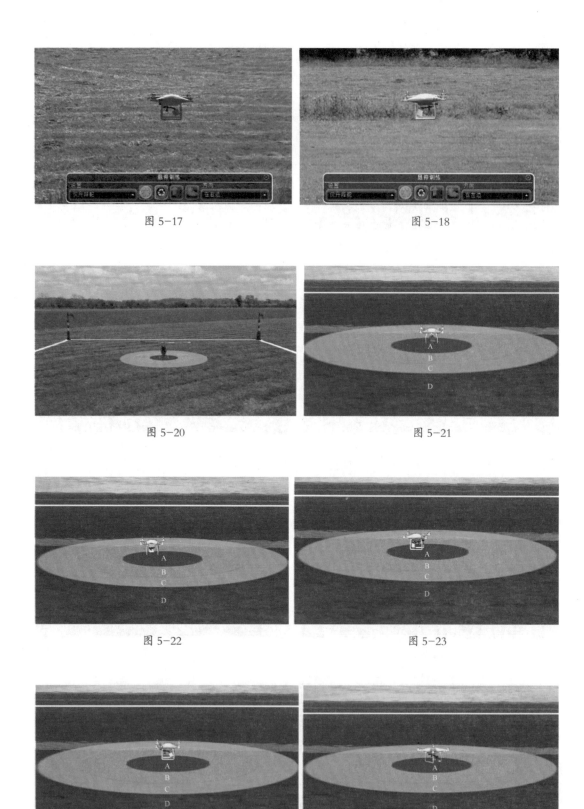

图 5-17

图 5-18

图 5-20

图 5-21

图 5-22

图 5-23

图 5-24

图 5-25

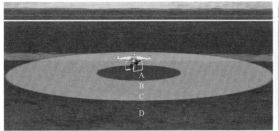

图 5-26

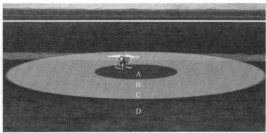

图 5-27

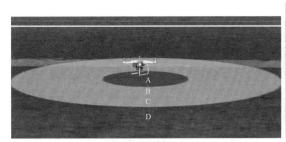

图 5-28

图 5-42

图 5-43

图 5-44

图 5-45

图 5-46

图 5-47

图 5-48

图 5-49

图 5-50

图 5-51

图 5-52

图 5-53

图 5-54

图 5-56

图 5-57

图 5-58

图 5-59

图 5-60

图 5-61

图 5-62

图 5-63

图 5-64

图 5-66

图 5-67

图 5-68

图 5-69

图 5-70

图 5-71

图 5-72

图 5-73

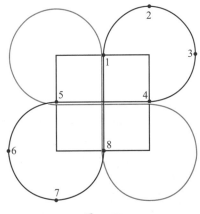

图 5-79

图 6-8

图 6-9

图 6-10

图 6-11

图 6-12

图 6-13

图 6-14

图 6-15

图 6-16

图 6-17

图 6-18

慢速

图 6-19

图 6-20

图 6-22

图 6-23

图 6-24

图 6-25

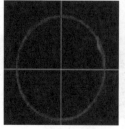
(a) 优秀

(b) 合格

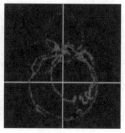
(c) 不合格

图 7-1

图 7-3

图 7-4

图 7-5

图 7-7